教育部 财政部职业院校教师素质提高计划职教师资培养资源开发项目
电子信息科学与技术专业职教师资培养资源开发（VTNE029）

Shuzi Xinhao Yu Chuli

数字信号与处理

姚志恩　编著

ZHEJIANG UNIVERSITY PRESS
浙江大学出版社

图书在版编目(CIP)数据

数字信号与处理/姚志恩编著. —杭州：浙江大学出版社，2018.3

ISBN 978-7-308-17928-7

Ⅰ.①数… Ⅱ.①姚… Ⅲ.①数字信号处理 Ⅳ.①TN911.72

中国版本图书馆 CIP 数据核字（2018）第 030931 号

数字信号与处理

姚志恩　编著

责任编辑	王元新
责任校对	潘晶晶　刘　郡
封面设计	春天书装
出版发行	浙江大学出版社
	（杭州市天目山路 148 号　邮政编码 310007）
	（网址：http://www.zjupress.com）
排　　版	杭州林智广告有限公司
印　　刷	嘉兴华源印刷厂
开　　本	787mm×1092mm　1/16
印　　张	13.25
字　　数	268 千
版 印 次	2018 年 3 月第 1 版　2018 年 3 月第 1 次印刷
书　　号	ISBN 978-7-308-17928-7
定　　价	37.00 元

项目专家指导委员会

主　任　刘来泉

副主任　王宪成　郭春鸣

成　员（按姓氏笔画排列）

　　　　刁哲军　王乐夫　王继平　邓泽民　石伟平

　　　　卢双盈　刘正安　刘君义　米　靖　汤生玲

　　　　李仲阳　李栋学　李梦卿　吴全全　沈　希

　　　　张元利　张建荣　周泽扬　孟庆国　姜大源

　　　　夏金星　徐　朔　徐　流　郭杰忠　曹　晔

　　　　崔世钢　韩亚兰

电子信息科学与技术专业（VTNE029）
丛书编委会

出版说明

自《国家中长期教育改革和发展规划纲要(2010—2020 年)》颁布实施以来，我国职业教育进入加快构建现代职业教育体系、全面提高技能型人才培养质量的新阶段。加快发展现代职业教育，实现职业教育改革发展新跨越，对职业学校"双师型"教师队伍建设提出了更高的要求。为此，教育部明确提出，要以推动教师专业化为引领，以加强"双师型"教师队伍建设为重点，以创新制度和机制为动力，以完善培养培训体系为保障，以实施素质提高计划为抓手，统筹规划，突出重点，改革创新，狠抓落实，切实提升职业院校教师队伍整体素质和建设水平，加快建成一支师德高尚、素质优良、技艺精湛、结构合理、专兼结合的高素质专业化的"双师型"教师队伍，为建设具有中国特色、世界水平的现代职业教育体系提供强有力的师资保障。

目前，我国共有 60 余所高校正在开展职教师资培养，但由于教师培养标准的缺失和培养课程资源的匮乏，制约了"双师型"教师培养质量的提高。为完善教师培养标准和课程体系，教育部、财政部在"职业院校教师素质提高计划"框架内专门设置了职教师资培养资源开发项目，中央财政划拨 1.5 亿元，系统开发用于本科专业职教师资培养标准、培养方案、核心课程和特色教材等系列资源。其中，包括 88 个专业项目、12 个资格考试制度开发等公共项目。该项目由 42 家开设职业技术师范专业的高等学校牵头，组织近千家科研院所、职业学校、行业企业共同研发，一大批专家学者、优秀校长、一线教师、企业工程技术人员参与其中。

经过三年的努力，培养资源开发项目取得了丰硕成果。一是开发了中等职

业学校 88 个专业(类)职教师资本科培养资源项目,内容包括专业教师标准、专业教师培养标准、评价方案,以及一系列专业课程大纲、主干课程教材及数字化资源;二是取得了 6 项公共基础研究成果,内容包括职教师资培养模式、国际职教师资培养、教育理论课程、质量保障体系、教学资源中心建设和学习平台开发等;三是完成了 18 个专业大类职教师资资格标准及认证考试标准开发。上述成果,共计 800 多本正式出版物。总体来说,培养资源开发项目实现了高效益:形成了一大批资源,填补了相关标准和资源的空白;凝聚了一支研发队伍,强化了教师培养的"校—企—校"协同;引领了一批高校的教学改革,带动了"双师型"教师的专业化培养。职教师资培养资源开发项目是支撑专业化培养的一项系统化、基础性工程,是加强职教教师培养培训一体化建设的关键环节,也是对职教师资培养培训基地教师专业化培养实践、教师教育研究能力的系统检阅。

自 2013 年项目立项开题以来,各项目承担单位、项目负责人及全体开发人员做了大量深入细致的工作,结合职教教师培养实践,研发出很多填补空白、体现科学性和前瞻性的成果,有力推进了"双师型"教师专门化培养向更深层次发展。同时,专家指导委员会的各位专家以及项目管理办公室的各位同志,克服了许多困难,按照两部对项目开发工作的总体要求,为实施项目管理、研发、检查等投入了大量时间和心血,也为各个项目提供了专业的咨询和指导,有力地保障了项目实施和成果质量。在此,我们一并表示衷心的感谢。

编写委员会

2016 年 3 月

序

　　根据《教育部 财政部关于实施职业院校教师素质提高计划的意见》（教职成〔2011〕14号）文件精神，在专家评审基础上，2013年，浙江工业大学获得"电子信息科学与技术专业职教师资培养标准、培养方案、核心课程和特色教材开发（VTNE029）"项目，主持人胡斌武教授。项目任务是：通过研发，制定电子信息科学与技术专业职教教师专业标准、教师培养标准，研制培养方案、核心课程大纲，编写核心课程教材，建设教学资源库，制定培养质量评价标准等。项目研发的核心成员有：浙江工业大学教科学院王永固、孔德彭、赵立影、杜学文、吴杰、刘晓、李敏、刘辉、李久胜等，嘉兴职业技术学院田立武、湖州技师学院姚志恩等。

　　电子信息科学与技术专业培养的教师可担任高职院校电子工艺与管理、电子信息工程技术或电子测量技术与仪器、应用电子技术或电子声像技术专业师资，还可担任中等职业学校两个专业大类的师资。一是加工制造类，主要是电子材料与元器件制造专业，包括电光源技术、电子器件制造技术、电子元件制造技术等专业方向。二是信息技术类，主要是电子与信息技术专业，包括电子测量技术、安防与监控技术、汽车电子技术、飞行器电子设备维护、船舶电子设备操作与维护等专业方向；以及电子技术应用专业，包括数字化视听设备应用与维修、电子产品营销、电子产品制造技术、光电产品应用与维护等专业方向。围绕职教师资的培养方向与培养要求，我们开发了系列成果：电子信息科学与技术专业人才培养调研报告、教师专业标准、专业教师培养标准与培养方案、主干课程大纲、培养质量评价标准，以及核心课课程资源（包括课程大纲、电子教案、教学案例、教学课件、实训项目、试题库、课程视频等）。

为加强项目管理,教育部依托同济大学设立了项目管理办公室。为提高项目研发质量与水平,教育部选派了天津职业技术师范大学书记孟庆国教授、天津市科学技术协会副主席卢双盈教授、教育部职业教育中心研究所邓泽民研究员、河北师范大学职教学院院长刁哲军教授、天津职业技术师范大学自动化与电气工程学院院长崔世钢教授、天津大学职业教育学院副院长米靖教授作为项目指导专家,同济大学职业教育学院谢莉花博士担任秘书。在项目研发过程中,在上海、昆明、杭州、北京、石家庄、苏州等历次项目推进会中,本项目还得到了以下专家的大力支持与指导:教育部发展规划司副司长郭春鸣、教育部职业教育中心研究所研究员姜大源、教育部职业教育中心研究所研究员吴全全、教师工作司教师发展处王克杰、浙江农林大学副校长沈希教授、青岛科技大学常务副校长张元利教授、广东顺德梁球琚职业学校副校长韩亚兰等。2015 年 12 月,项目组研发的系列成果以 91 分的优异成绩通过了教育部、财政部组织的专家验收,验收结论为:"整个课题子课题分工合理。子项目之间分工明确。研发团队的结构合理。项目研究有完整的研究计划,按时提交了相应的研究成果并且阶段验收合格。研究方法科学,研发过程科学规范。项目各成果之间逻辑关系清晰,各阶段成果之间的相互依存和支撑关系明确,研发成果紧紧围绕项目的立项目标,现代职业教育思想和理论在研究中得到全面体现。调研对象广泛,调研工作扎实开展、调研过程形成的资料齐全,调研报告形式完整,格式符合要求。专业教师标准整体框架繁简得当,指标体系的主次分明,重点突出。理论依据与调研基础上的现实依据充分;对培养方案、核心课程教材开发和资源建设等后续项目的开发工作很有指导作用。培养标准中培养目标明确;课程结构比较合理,正确处理教师教育类课程与专业课程、理论课程与实践课程、通识教育课程与核心课程等之间的关系,系统一体化设计思想得到体现、课程体系的逻辑性强;培养方案完整、规范。教材、数字化资源可再精加工。"借此,特向各位专家对研发团队的包容、宽容、激励、支持,对项目研发的耐心、细致、精准、高超的指导表示衷心的感谢!

职教师资本科电子信息科学与技术专业核心课程经过数次市场调研、学校调研、专家论证后确定,研发的系列教材包括:《电子信息科学与技术专业教学

论》(胡斌武等)、《控制工程工作坊》(李久胜)、《基于 proteus 的单片机系统设计
与应用》(孔德彭)、《现代通信原理》(田立武)、《数字信号与处理》(姚志恩),教材
文责自负。借此付梓之际,向编著者的辛勤劳动、协同创新表示由衷的感谢! 也
请广大读者、研究者提出宝贵意见和建议,以便进一步修改,努力培养出高素质、
专业化职教师资队伍。

胡斌武

2016 年夏

前　言

目前,数字信号处理已经成为科学和工程领域最为热门的技术之一,被广泛应用于通信、雷达、声呐、医学成像和音视频压缩等领域,给人们的生产和生活带来了许多革命性的变化和影响。

本书是为职教师资本科电子信息科学与技术专业编写的。职业教育是从事技术技能应用培养的教育,因此在编写的过程中,我们没有追求数学上的严密性和完备性,而是尽量以理论的应用来强化信号处理基本概念的物理含义;也没有追求理论上的先进性,而是将经典的信号处理理论寓于解决问题实践中,努力架起信号处理理论与现实应用之间的桥梁,以此来培养学生用数字信号处理的观点来观察和思考信号处理问题的思维方式。

本书共分为5章。第1章概述性地介绍了什么是数字信号,数字信号为什么要处理,数字信号处理及应用的基本思路。第2章介绍了数字信号处理的基本数学知识,主要包括信号的时域与频域描述及离散信号运算等内容。第3章介绍了两类数字滤波器的原理和设计方法。第4章介绍了多采样系统信号处理的基本原理。第5章介绍了基于TMS320系列DSP集成电路和Matlab软件对数字信号处理的硬件和软件设计,并给出了典型的应用案例。

在学习本书时应具备较好的信号与系统理论知识,同时对电子电路技术和Matlab软件的应用有一定的实践能力。在此基础上,教师完成本书的教学参考学时为60学时左右,应让学生在学习本课程过程中多做练习题来巩固理论知识,同时可以安排较多的内容让学生进行计算机实践练习,以课程设计的形式考核其应用能力。

本书由浙江信息工程学校(湖州工程技师学院)电子电工专业的教师编写。其中,姚志恩编写了第 1 章和第 5 章,叶萍编写了第 2 章,钱洁、刘敏共同编写了第 3 章,沈诚编写了第 4 章。全书最后由姚志恩进行统稿。本书在编写过程中得到了浙江工业大学职业技术教育学院胡斌武教授的大力支持,浙江信息工程学校的罗静妮老师做了大量 Matlab 信号处理实验,梁艳、刘敏老师做了大量图片、公式、文字工作,在此表示由衷谢意。

限于编者的水平和经验,书中难免存在疏漏或者错误之处,敬请读者批评指正。

编者

2017 年 11 月 5 日

C*ontents* 目 录

第1章 数字信号处理概述

1.1 数字信号与处理

信号是指那些代表一定意义的现象,比如声音、动作、旗语、标志、光线等,它们可以用来传递人们要表达的事情,这个概念是人们在生活中对信号的认识。从广泛的意义来看,信号是指事物运动变化的表现形式,它代表事物运动变化的特征。

在电子学中,信号是指电流或电压,是由传感器将事物的变化转变为与这些变化有对应关系的电量;在化学中,信号是指物质的比例、物质变化的条件、物质的分子结构等,是人们通过观察、测量和记录所得到的反映物质性质的数据;在地理学中,信号是指反映地形面貌的数据,如形状、距离、高度,以及矿产资源分布、大气压力、湿度等;在经济学中,信号是人类生产和生活状况的统计,如工农业生产的产量和增长量,货币的分布、流向和流量等,这些数据反映了社会的经济状况和经济发展的规律,因此能够预测社会可持续发展的时间;在医学中,信号是指人体生理变化的指标,如体温、血压、身体新陈代谢的速度和组织结构等。在所有的信号中,电信号是最常见的,因为它可以由机器或电路处理。人们一般喜欢把信号转变成电的形式,这样方便传输、存储信号,还有利于利用机器处理和控制信号。

从信号的表现来看,信号有连续的和不连续的两种。例如,温度计上指示温度的红色线段,当时间从某一时刻连续地过渡到另一时刻,红色线段的端点始终随着温度连续地从面板上某个刻度过渡到另一个刻度,红色端点指示的是温度信号。这种时间和物理量都是连续的信号称为连续信号或模拟信号(analog signal)。若用坐标来描述温度的变化,那么横坐标的时间是连续变量,纵坐标的温度也是连续变量,温度随时间变化的坐标图是一条连续的曲线。

如果在早上、中午、晚上和半夜四个时刻观察温度的变化,其他时间不观察温度,这种方法观察温度信号的时间是不连续的而物理量是连续的。这种时间是离散的而物理量是连续的信号称为离散时间信号,简称离散信号(discrete signal)。若是在一天的四个时刻观测温

度,并用笔和纸记录温度的变化,那么这种方法记录的温度信号的时间和温度都是不连续的或离散的,这种时间和物理量都是离散的信号叫做数字信号(digital signal)。温度计上的信号是连续信号,实际记录的信号是数字信号,原因是人的观测时间和能力有限,记录数字的长度不可能很长或精度不可能很高,而且也没有必要。

为了让计算机能够完成信号处理的工作,被处理的信号必须是数字信号。所以,当我们需要用计算机进行数值计算的时候,模拟信号都要转变成数字信号。用数字来表示的信号只能表示信号在不同时刻的大小。如图 1-1 所示的电压信号,若用数字表示这个信号的话,它只能是时间 t 的一个个时刻

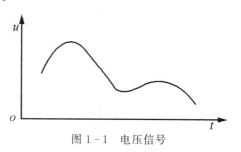

图 1-1　电压信号

所对应的一组电压(u)的数值。当然,时刻之间的间隔越小,数字所表示的电压变化就越接近真实情况;表示信号大小的数字的位数越多,数字与 $u(t)$ 的真实值就越接近。

在实际应用中,时间间隔越小和数字位数越多意味着后续处理要求越高。一般情况下,只要满足一定精度即可,要求生活中任何事情都完全真实再现是不可能的,也是没有意义的。

表示数字信号有十进制和二进制两种方法。十进制的方法要求电路有 10 种状态对应 10 个基本的数字符号,这对电压、电流等的大小划分十分苛刻,而且电路很难判断这种电压或电流是否受到干扰,也很难抵抗这种电压或电流受到的干扰。二进制的方法要求电路有 2 种状态对应 2 个基本的数字符号,这只需要将电压、电流等的大小划分为高和低 2 种状态,电路很容易判断这种电压或电流是否受到干扰,也容易消除这种电压或电流受到的干扰。所以,用机器或电路的方式来表示信号或者处理信号,跟人在这方面的习惯是不同的。例如,计算机的数据、命令和工作过程都是由 0 和 1 组成的,它们可以表示为电压的高低电平、磁带上的正反磁场、光碟面的凹凸状态等。符号 0 和 1 代表两种相反的状态,外界和内部的各种不稳定因素的影响只要不超过两种状态的中间界限,是不容易改变二进制数字的。

二进制数字信号的指标中经常用比特(bit)来描述信号数值的位数或长度。严格地讲,数字信号处理学科中所讲的信号都是用二进制表示的。为了方便理解和观看,人们在理论学习和研究中还是喜欢用熟悉的十进制表示法,因此在学习数字信号处理理论时,暂时不考虑数字信号与真实信号之间的数值差距,也不考虑运算带来的误差,而是把数字信号看成离散信号。

数字信号处理也就是信号的数字处理,它的专业含义是用计算机对用二进制数表示的信号进行一系列的数学计算操作,实现人们的要求。

例如，一个混有噪声的信号，利用数字信号处理可以滤除噪声，还原真实的声音，如图 1-2 所示。

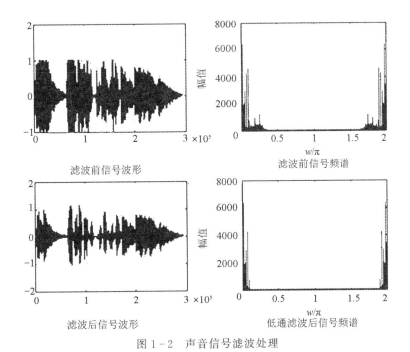

图 1-2 声音信号滤波处理

又例如，有一张磁悬浮列车车厢的照片，由于保存不当，受潮发霉，图像受到损坏，如图 1-3 所示。在修复照片的时候，可以把照片看成是由许多小点组成的，即把每个点的浓淡变成数字信号并对这些信号做某种处理，构成一幅新的图像，如图 1-4 所示。因为一幅图像是由非常多的点组成的，所以需要计算机进行大量数据运算才能完成处理。

图 1-3 受损照片

图 1-4 修复后的照片

1.1.1　数字信号处理系统

大部分信号的最初形态是人们常见的事物形态。为了测量和处理它们,人们常用传感器把它们的特征转换成电信号,等到处理完这些电信号后再把它们转变为人类能看见、能听见或能利用的形态。所以,数字信号处理(Signal Processing,DSP)的全部过程或数字信号处理系统一般由 7 个单元组成,分别为信号转换、低通滤波、模/数转换、数字信号处理、数/模转换、低通滤波、信号转换,如图 1-5 所示。其中,数字信号处理单元是必需的,其他单元可以根据实际需要取舍。

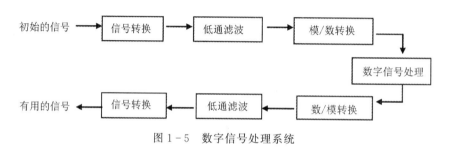

图 1-5　数字信号处理系统

例如,机密房间的安保门锁系统,进入该房间的人必须先说一句话,让安保门锁系统处理说话人的语音信号。如果安保门锁系统采用数字信号处理系统,则第 1 单元是信号转换,它用传声器把声音信号转换成电信号。第 2 单元是低通滤波,它用电阻电容电路滤掉语音信号中没用的高频成分,防止采样信号时出现失真。第 3 单元是模/数转换,它对滤波后的信号采样,并将采样信号变换成二进制的数字信号。第 4 单元是数字信号处理,它把输入的语音数字信号与以前记录的语音数字信号进行比较,确认来访者是否有资格进入机密房间:如果有资格,则打开房门并致欢迎词;如果没有资格,则不开房门并致提醒词。控制房门的电路由数字信号处理器输出的信号直接启动,不需要系统的后面三个单元。欢迎词和提醒词语音信号由数字信号处理器的存储器提供,它们是事先存储的二进制信号,送往第 5 单元。第 5 单元是数/模转换,用于将数字信号变成模拟信号。由于数字信号是时间离散、幅度也离散的,因此在时间的各个采样间隔点上,恢复的模拟信号幅度存在跳变,与自然的语音信号有一定的差别。也就是说,数/模转换得到的模拟信号存在许多没用的高频成分。第 6 单元是低通滤波,它的职责是完善数/模转换,使恢复的模拟信号的变化更加流畅。第 7 单元是信号转换,它用功率放大器和扬声器将电信号变为声音。

值得说明的是,在安保门锁系统中,产生语音是不需要前面第 1 至 3 单元的。第 4 单元的数字信号处理是把输入的语音数字信号与以前录下的语音数字信号进行比较。比较的方法有很多种,这是"数字信号处理"理论研究的主要内容。

1.1.2　数字信号处理的特点

1. 处理精度高

对于数字信号处理系统来说,它的精度是由数字的字长(或叫单位比特数、单位长度)决定的,提高字长就可以提高信号处理的精度。常用的字长有 16 位和 32 位,它们可以达到 $1/2^{16}$ 和 $1/2^{32}$ 的精度。实际上,为了经济实惠,精度达到要求就可以了。而在模拟电路中,提高元器件的精度是比较困难的,因为它受到生产条件和使用环境的限制,一般模拟电路能达到 1/100 的精度就不错了。

2. 功能灵活

数字信号处理器采用专用的集成电路或可编程的集成电路,它处理信号的功能由数学方程的系数和计算机的程序决定。这些系数和程序存放在数字信号处理器的存储器内,只要改变存放的系数和程序,就可以改变数字信号处理器的功能,而不用改变处理器的电路结构。这个特点非常方便使用者,特别是在军事上,为了防止敌方了解我方的通信情况或防止我方通信频率被敌方干扰而不能工作,需要经常改变通信方式和处理信号的方式。在模拟电路中,若要小改系统的处理信号功能,就要把电路板上的元器件拆下再换上另外的元器件;若要大改系统的处理信号功能,就要丢掉整个电路板。

3. 性能稳定

数字信号处理器的数字状态是由高电平和低电平两种状态组成的,元器件的误差很难影响这种数字电平的工作,电磁场、温度、湿度、气压、振动、噪声、时间、电路板等因素也很难影响这种数字电平的工作。所以,用不同元器件制作的数字产品,很容易达到相同的技术指标。例如,采用不同的数字信号处理器,或多次复制信号都不会出现信号质量的衰减。还有,数字信号处理器是用大规模集成电路技术制作的,一致的制作工艺使得芯片的成品率高,自然用这种芯片制作的产品其故障率也就低。而模拟电路是由许多分立元器件组成的,各种元器件的制作方法不同和自身误差的互相影响使得电路的成品率低,自然用这种元器件制作的产品其故障率也就高。

4. 效率高

对于变化比较慢的信号,数字信号处理器可以利用处理完一个信号样本的空余时间去处理另外的信号,达到一个数字信号处理器可以同时处理多个信号的效果。数字信号处理器的计算速度越高,它处理信号的效率就越高,当然还要有优秀的计算方法相配合。利用集成电路技术的优势,可以制作出更小尺寸、更低价格、更低功率损耗和更高计算速度的数字信号处理器芯片。

5. 制作成本低

同一型号的数字信号处理器芯片是结构一样的集成电路,而它最后形成产品的功能则是由工程师给芯片加入的程序所决定的。所以,数字信号处理器芯片就像是通用元器件,可以进行大批量生产。还有,数字信号处理器的电路可以工作在饱和与截止两种状态,也就是低电平和高电平,对电路参数的要求不高,因此产品的合格率高。芯片的一致性好,生产过程相对简单,也是合格率高的一个原因。另外,在遥感测量或地震波分析中,被处理的信号的频率较低,过滤这些几赫兹或几十赫兹的信号,若用模拟电路处理,要求电感、电容的数值很大,这就需要增加电感、电容元件的体积,而体积容易受温度和压力的影响,导致很难获得准确的频率选择性。所以用数字信号处理更好,因为数字信号处理器是一块体积小、重量轻、耗电少的芯片,相对模拟电路来说,可以极大地节省原材料,节约能源和资源。这些因素极大地降低了数字信号处理器芯片的制作成本。

6. 功能强大

对于要处理的问题,只要能把它们转化为数学表达式,并把它们编写为程序存入数字信号处理器的存储器,数字信号处理器就能完成这种处理任务。数字信号和程序都可以存储在电路、光盘或磁盘上,方便传输,也方便处理。相对来说,模拟电路只能做些较简单的放大、相加等处理工作。若用模拟电路执行复杂的数学表达式,由于受到模拟电路自身特点的限制,如各级电路的工作电流互相影响,电路各部分的参数互相影响,环境温度、湿度、气压的影响,外来电波的影响,元器件制作工艺的限制等,因而它是不能很好地完成这种任务的。

7. 学习和研制的门槛高

这大概就是数字信号处理的弱点。从教学上来说,数字信号处理是一门面向应用的数学理论学科,涉及人们熟悉的时间领域和陌生的频率领域;实现数字信号处理的数字信号处理器是一种面向应用的技术,涉及数字计算机结构和编写程序技巧。学好这两门课才能较好地应用数字信号处理。还有,设计数字信号处理器的程序需要专门的开发软件和调试设备,这项投资比较大;而且设计数字信号处理系统需要较长的时间。相对来说,对于模拟电路,无线电爱好者通过学习部分模拟电子技术的知识,就可以用电子元器件做些小产品,投资较小。

1.2 数字信号处理的应用领域

数字信号处理是以众多学科为理论基础的,它涉及的范围极其广泛。例如,在数学领域,微积分、概率统计、随机过程、数值分析等都是数字信号处理的基本工具;同时,数字信号处理与网络理论、信号与系统、控制论、通信理论、故障诊断等也密切相关;近年来新兴的一些学科,如人工智能、模式识别、神经网络等,都与数字信号处理密不可分。可以说,数字信号处理是把许多经典的理论体系作为自己的理论基础,同时又使自己成为一系列新兴学科的理论基础。

数字信号处理的应用领域非常广泛,它涉及通信、电子仪器、自动控制、语音和声音处理、图形和图像处理、军事、工业、生物医学、社会管理、金融证券、地球物理、航海、航空航天、家用电器、广播电视等领域。小到分子电子,大到天文地理,只要能用数学来描述的问题,都可以用数字信号处理来解决。就所获取信号的来源而言,有通信信号的处理、雷达信号的处理、遥感信号的处理、控制信号的处理、生物医学信号的处理、地球物理信号的处理、振动信号的处理等。若以所处理信号的特点来讲,数字信号处理又可分为语音信号处理、图像信号处理、一维信号处理和多维信号处理等。

1.2.1 语音信号处理

语音信号处理是信号处理中的重要分支之一,它主要包括:语音的识别、语言的理解、语音的合成、语音的增强、语音的数据压缩等。各种应用均有其特殊问题。语音识别是将待识别的语音信号的特征参数即时地提取出来,与已知的语音样本进行匹配,从而判定待识别语音信号的属性。关于语音识别方法,有统计模式语音识别、结构和语句模式语音识别,利用这些方法可以得到共振峰频率、音调、嗓音、噪声等重要参数。语音理解是人和计算机用自然语言对话的理论和技术基础。语音合成的主要目的是使计算机能够讲话。为此,首先需要研究清楚在发音时语音特征参数随时间变化的规律,然后利用适当的方法模拟发音的过程,合成为语言。其他有关语言处理问题也各有其特点。语音信号处理是发展智能计算机和智能机器人的基础,是制造声码器的依据。语音信号处理是迅速发展中的一项信号处理技术。

例如,存在回声的电话通话中,当通话者打电话时,语音信号经过线路传输到对方,如果线路的阻抗不匹配,信号到达对方时将有一部分信号沿线路被反射回来,成为回声。如果线路只有几百千米,回声约几毫秒就能回到通话者的耳朵,由于人耳习惯几毫秒的回声,所以感觉正常。通话距离越长,回声就会变得越明显。当回声归来时间超过 40 毫秒时,将扰乱通话者的听觉。当通话距离很长时,如中国到美国的洲际通话,直线距离 1.2 万多千米,回声归来的时间达到 80 毫秒,这种情况会令通话者不悦。若中国到美国的洲际通话是经过卫星传输的,通话距离更远,回声归来的时间达 500~600 毫秒。用数字信号处理技术可以解决这个问题,方法是在产生回声的地方,也就是在当地的电话总机处进行数字信号处理,如图 1-6 所示。消除回声的原理:设法让远方传来的信号通过一个数字滤波器复制出与回声大小相同的信号,用它来与回声信号相减,达到抵消回声信号的目的。由于通话的长途电话线路经常随通话人、天气等因素改变,所以数字滤波器的性能必须适应具体线路的改变,才

能在不同的场合中都能抵消回声。这就需要经常根据远方的信号和相减的结果进行判断计算,从而得出能减小反射回波的因素,用它们控制数字滤波器的参数,使滤波器的性能时刻朝着消除回声的方向改进,即复制出的信号与回声信号相似。同时,还要计算处理当地传来的讲话信号,不让它影响数字滤波器的参数。

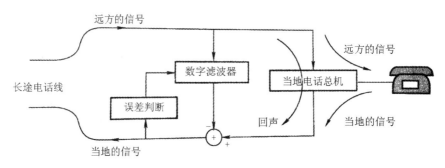

图 1-6　回声产生和消除的原理

1.2.2　图像信号处理

图像信号处理的应用已渗透到各个科学技术领域。譬如,图像处理技术可用于研究粒子的运动轨迹、生物细胞的结构、地貌的状态、气象云图的分析、宇宙星体的构成等。在图像处理的实际应用中,获得较大成果的有遥感图像处理技术、断层成像技术、计算机视觉技术和景物分析技术等。根据图像信号处理的应用特点,处理技术大体可分为图像增强、恢复、分割、识别、编码和重建等方面。这些处理技术各具特点,且正在迅速发展中。

1.2.3　振动信号处理

振动信号的分析与处理技术已应用于汽车、飞机、船舶、机械设备、房屋建筑、水坝设计等方面的研究和生产中。振动信号处理的基本原理是在测试体上加一激振力,作为输入信号。在测量点上监测输出信号。输出信号与输入信号之比称为由测试体所构成的系统的传递函数(或称转移函数)。根据得到的传递函数进行所谓模态参数识别,从而计算出系统的模态刚度、模态阻尼等主要参数。这样就建立起了系统的数学模型,进而可以做出结构的动态优化设计。这些工作均可利用数字处理器来进行。这种分析和处理方法一般称为模态分析。实质上,它就是信号处理在振动工程中所采用的一种特殊方法。

1.2.4　地球物理处理

为了勘探地下深处所储藏的石油和天然气以及其他矿藏,通常采用地震勘探方法来探测地层结构和岩性。这种方法的基本原理是在一选定的地点施加人为的激震,如用爆炸方法产生一振动波向地下传播,遇到地层分界面即产生反射波,在离震源一定距离的地方放置一列感受器,接收到达地面的反射波,从反射波的延迟时间和强度来判断地层的深度和结构。感受器所接收到的地震记录是比较复杂的,需要处理才能进行地质解释。处理的方法很多,有反褶积法、同态滤波法等,这是一个尚在努力研究中的问题。

1.2.5 生物医学处理

数字信号处理在生物医学方面主要是用来辅助生物医学基础理论的研究和用于诊断检查与监护。例如,用于细胞学、脑神经学、心血管学、遗传学等方面的基础理论研究。人的脑神经系统约由 100 亿个神经细胞所组成,是一个十分复杂而庞大的信息处理系统。在这个处理系统中,信息的传输与处理是并列进行的,并具有特殊的功能,即使系统的某一部分发生障碍,其他部分仍能正常工作,这是计算机所做不到的。因此,关于人脑的信息处理模型的研究就成为基础理论研究的重要课题。此外,神经细胞模型的研究、染色体功能的研究等,都可借助于信号处理的原理和技术来进行。

数字信号处理用于诊断检查较为成功的实例有脑电或心电的自动分析系统、断层成像技术等。断层成像技术是诊断学领域中的重大发明。X 射线断层的基本原理是 X 射线穿过被观测物体后构成物体的二维投影,接收器接收后,再经过恢复或重建,即可在一系列的不同方位计算出二维投影,经过运算处理即取得实体的断层信息,从而在大屏幕上得到断层造像。信号处理在生物医学方面的应用正处于迅速发展阶段。

数字信号处理在其他方面还有多种用途。例如,在数字控制、运动控制方面的应用主要有:磁盘驱动控制、引擎控制、激光打印机控制、喷绘机控制、马达控制、电力系统控制、机器人控制、高精度伺服系统控制、数控机床等;面向低功耗、手持设备、无线终端的应用主要有手机、PDA、GPS、数传电台等;还有如雷达信号处理、地学信号处理等。它们虽各有其特殊要求,但所利用的基本技术大致相同,其中数字信号处理技术起主要作用。

1.3 数字信号处理的使用

数字信号处理的相关理论是建立在数学基础上并为实际应用服务的,它主要研究处理数字信号的有效方法,包括快速处理的方法。

做事情需要有方法,要把事情做好更需要有方法,好的方法是指讲究策略、讲究实效的科学方法。人们研究问题和解决问题的过程大体上是一样的:首先确定基本概念,也就是给事物的基本部分、现象和成分取名字;其次找出事物的基本规律,建立解决问题的基本方法;最后开展对事物的研究,清楚地、有条不紊地、有理有据地进行各种活动。数字信号处理

的应用也是如此：首先区分被研究的事物的基本部分，确定每部分的计量单位，使每部分的特征能用数字来描述；其次找出各种特征之间的关系，并用数学公式来代替它们；最后研究各种特征的变化，观察它们可能产生的结果，并通过对比，找出最佳的解决问题的方法。

1.3.1 用数字代表事物的特征

研究事物的第一个步骤一般是：区分被研究的事物的基本部分，确定每部分的计量单位，用数字来描述每部分的多少。这是人类祖先认识世界所采用的方法，他们用手指、石头、树枝等统计猎物、水果、粮食的多少。随着人类的进步，人们对事物的认识加深，对事物的研究更具体化，计量的方法也更详细、更科学。下面来看几个常见的事例。

研究布匹时，用计量单位米来衡量布匹的长度和宽度，用计量单位平方米来衡量布匹的面积，用单位面积的重量来衡量布匹的质地。

研究电学时，用计量单位伏特来衡量电位的高低，用计量单位库仑来衡量电荷的多少，用计量单位安培来衡量电流，也就是单位时间内流过导体的电荷量。

研究小学教育时，以 50 人为一个班级，班级是计量单位，班级可以描述小学的规模，还可以从每个班有几位老师和学生的学习成绩衡量小学的师资力量和教学效率。

研究土地资源时，可以用森林和草地的覆盖面积表示土地的绿化情况，用单位面积内绿色植物的多少描述土地的绿化密度，用动物的种类描述森林的活力，用泥土的含水量表示雨水的保持能力，用泥土裸露的表面积表示水土流失的范围，用石头、房屋和水泥地的扭盖面描述不吸收水分的僵硬面积，用降水量表示雨水的多少。

甚至连信息这种最抽象的事物，人们也可以用概率的倒数再取对数的方法对其进行测量与研究等。

生活中的事物在数学中被抽掉具体内容后保留下来的这些特征的量被称作数字。

1.3.2 用数字信号描述事物的变化

世间的事物都处在运动变化的环境中，为了与实际情况相适应，观察事物也应该采用运动变化的观点，这样才可以更全面和深刻地揭示事物的特征。一般来说，时间是观察事物变化的基础。

对于电这种物质，以时间为基础观察电压，可以了解电压随时间流逝而运动变化的规律，用计量单位赫兹（Hz）可以衡量电压变化的快慢，用计量单位时间可以衡量电压的上升过程，用速度可以衡量电压在变化时产生的电磁波的传播快慢，用波长可以衡量电磁波波峰之间的距离。人们可以通过专门的仪器或元件对事物进行连续的测量，得到事物运动变化的连续特征；但是，为了让计算机能够处理事物的特征，连续特征必须转变为数据。人们也可以对事物进行定时测量,得到事物变化的离散特征。

对于土地资源,用每月降水量来描述雨水的多少,用每年单位土地面积的经济价值来衡量土地的使用效益,用每年单位土地面积产生的废物来衡量土地的污染情况。这些特征是人们通过在特定的时间对特定的地点进行测量得到的数据。

当然,观察事物的基础并不一定总是时间,往往是由被研究的对象来决定的。在研究地形时,平面方向上的距离和长度才是基础、是自变量,高度是特征、是因变量。在化学反应中,温度也常被当作观察的基础,实验者以温度为自变量观察化学反应的结果。

在电子电路理论、通信理论、系统理论、信息论等专业中,人们更多地、更习惯地把以上所说的代表事物运动变化特征的量或数据称作信号。在数学中则把事物的具体内容抽掉,把剩余的这些特征统称为变量,包括以上所说的时间、长度、温度等观察基础。

1.3.3 用数学公式表示信号的关系

事物的特征之间存在关系就会相互影响、相互依靠,这是事物的基本规律。科学家研究事物规律和解决问题时经常采用的方法是:通过对事物特征的统计,也就是对信号或变量的统计,找出事物的基本规律,并用简单的数学公式表示这些基本规律,以此建立解决问题的基本规则和方法。下面就从电学、动力学和医学三个方面来介绍科学家的这种做法。

在电学中,欧姆定律是指流过金属的电流与金属两端的电位差成正比,该关系的定量表达式是 $R=U/I$,电位差 U 和电流 I 的比值单位为欧姆。这个名称是为纪念德国物理学家欧姆而定的。欧姆对金属的导电性进行了多次实验并对测量数据进行统计,最后才得到电流和电位差的变量表达式。欧姆定律是人们解决电路问题的重要依据。有的事物关系很简单,无需实验就可以知道,如正弦波的频率和周期的反比关系。

动力学中的惯性定律是科学家牛顿总结科学家伽利略的观察结果得到的。伽利略做实验观察球的滚动,得到的结论是:没有摩擦力,球将永远滚动下去。牛顿经过思考和推理,并总结伽利略的观察后提出:任何物体的运动,只要没有外力改变它,便会永远保持静止或匀速直线运动的状态。牛顿在此基础上继续努力,发现作用力和速度的关系,得到作用力等于质量乘以加速度的定律和作用力等于反作用力的定律。

在医学中,人体心脏跳动频率的波动,在数学上称作频率变化率。频率变化率与心脏疾病的轻重有直接关系。若把频率变化率和心脏病看作是信号或是变量,两者的关系就可以用数学公式的一次方程或直线方程近似地表示。这种做法可以为医生准确地判断病人的病情提供量的依据,为判断药物治疗的效果提供依据。

在电子电路理论、通信理论、系统理论、信息论等中,人们更多地把事物运动变化特征之间的相互作用、相互影响的关系称作系统。在数学中则把事物的具体内容抽掉,把剩余的这

些变量的相互依赖关系称作公式、函数或方程。数学的好处是使实际问题变得非常简洁、明了,同时也更一般化、更深刻。

上面介绍的用数学解决问题的方法有一个共同的特点,就是用数学符号、图表、公式等简洁的语言刻画和描述实际问题。这种用数学语言描述实际问题的做法叫做数学建模,它是数据处理、信号处理和科学决策的基础。

以美国人口预报的问题为例,从 1790—1990 年,美国每隔 10 年的全国人口统计数据(单位均为百万人)是 3.9,5.3,7.2,9.6,12.9,17.1,23.2,31.4,38.6,50.2,62.9,76.0,92.0,106.5,123.2,131.7,150.7,179.3,204.0,226.5,251.4,下面根据这些数据,用马尔萨斯(Malthus)的人口模型测算 2000 年的美国人口。马尔萨斯是英国人口学家,他于 1798 年提出:如果人口的增长率与当时 t 的人口 $x(t)$ 成正比的话,则人口问题将是个微分方程问题。基于这个理论,美国人口的数学模型为

$$\frac{\mathrm{d}x(t)}{\mathrm{d}t} = rx(t) \qquad (r \text{ 是比例常数})$$

这个微分方程的解为

$$x(t) = ce^{rt} \qquad (c \text{ 是待定常数})$$

解得常数 c 和 t 可以由任意两组人口数据确定。例如,利用 t 为 1790 年和 1890 年的人口 $x(1790) = 3.9$ 和 $x(1890) = 62.9$,得到二元方程:

$$\begin{cases} 3.9 = ce^{1790r} \\ 62.9 = ce^{1890r} \end{cases}$$

它的根是 $r \approx 0.0278$ 和 $c \approx 9.45 \times 10^{-22}$。将这些根代入公式就得到美国的人口方程:

$$x(t) = 9.45 \times 10^{-22} e^{0.0278t} (\text{百万人}) \tag{1-1}$$

还有其他方法可以确定常数 c 和 r,比如令 $t = 0$ 时(对应 1790 年)的人口 $x(0) = 3.9$,则 $c = 3.9$,再用 $t = 1$ 时(对应 1800 年)算出 $r \approx 0.307 \cdots$ 根据式(1-1)测算,2000 年美国的人口数 $x(2000) \approx 1325$(百万人)。这个预报是否正确必须经过实际人口数据的检验。人口随时间变化的规律如图 1-7 所示,黑点代表实际人口的统计数据,虚线则代表人口方程式(1-1)的变化规

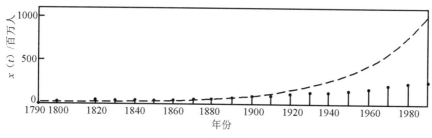

图 1-7 人口数据对比

律,两者在1790—1920年的变化规律比较接近,但当时间超过1920年后,人口方程的误差就越来越大。这说明,人口方程式(1-1)测算的1325百万人口是错误的。

人口的增长与自然资源、环境条件等诸多因素有关。在数学建模时,如果能够尽量考虑这些因素,就可以做出较合理的预报。认识人口数量的变化规律,做出较准确的预报,这是实现国家可持续发展的重要依据。

1.3.4 找出最佳的处理方法

有了基本信号的名称、信号的计量标准以及信号之间的基本关系,就建立了研究信号的基础。在此基础上开展对事物的研究,就可以清楚地、有理有据地用数学理论探索事物更深层的规律,设计新的事物关系或变量方程,对信号的变化所可能产生的结果进行预测。通过对比人工设计的方程,就容易找出最佳的解决问题的方案。

在电子电路理论中,科学家和工程师们在基本的欧姆定律、基尔霍夫定律、二极管的伏安特性、晶体管的输入输出特性等基础上,开展对电路系统的研究和设计,得到共发射极、共集电极和共基极三种基本放大电路;进而,以基本电路为单位做出各种组合,得到更复杂的电路,如运算放大器、乘法电路等。

研究和应用数字信号处理的过程也是一样的:首先寻找事物的特征,确定它们的计量标准和测量方法,通过测量获取事物特征的数字信号;然后深入研究,找出信号之间的基本关系,并用数学公式表示它们。在此基础上,以应用为目标开展数学理论探索,设计多种数学方案,并比较它们的优缺点,从中选择经济效益最好的那种方案,用它解决实际问题。研究最佳处理方法的基本做法是不受传统思想约束、集思广益和各取所长的。

简单地说,处理数字信号的方法主要有:研究信号的基本组成部分,分解信号,获取信号的基本成分,对比信号的相似程度,利用函数的特点,提取信号的有用成分,综合利用。这一切做法都建立在数学理论的基础上。通过对这些基本方法进行组合,可以衍生出更复杂的处理信号的方法。

1.3.5 用计算机处理数字信号

数字信号处理的相关理论是以数学为基础、以实际应用为目标的,它最终必须通过计算达到应用的目标。实现数字信号处理的基本方法有以下两个:

(1)可以在常用的、普通的或通用的计算机上,通过编写程序来实现数字信号处理的任务。这种方法能解决许多实际问题,它使用的计算机有显示器、主机、键盘和鼠标,非常方便观察和研究信号处理。但是,这种通用计算机的体积较大,成本较高,不方便移植到实际应用的设备中。例如,不可能将通用计算机嵌入导弹、手机、数码相机等便携式设备中。

（2）可以在微型专用集成电路上，通过编写程序来实现数字信号处理的任务。这种方法能解决许多实际问题，它使用的计算机是极小体积的芯片和一些附属元器件，不方便学习和研究信号处理。但是，这种微型计算机的体积很小，成本很低，很方便移植到需使用的设备中，如汽车防撞系统、高清晰度电视机、高精度电子耳朵、高精度电子眼等小型设备。

在学习数字信号处理的理论时，人们一般选择普通计算机来帮助自己学习和观察信号处理。在实际处理信号的应用中，人们一般采取专用的集成电路，完成实时处理信号的任务。实时是指数字信号连续进入计算机，计算机能够及时处理它们并连续送出它们。许多信号的处理都要求实时进行。

1.3.6 应用数字信号处理的关键

在学习数字信号处理、研究数字信号处理的应用和实现数字信号处理当中，都需要用数学来描述信号，需要建立数学公式来模拟信号的处理过程，并以此为基础预测数字信号处理的行为。总之，解决实际问题的关键是数学方法。比如人的心脏跳动，它是一个周期信号，如果用正弦函数来描述和分析，则可以区分出心跳信号和非心跳信号，这说明数学方法可以简化问题，并为实现这方面处理提供理论依据。

当然，应用数字信号处理的关键，不只是用数学的方法来解决问题，它还应包括处理数字信号的设备，比如通用计算机、微型处理器芯片等。在微型的数字信号处理器芯片的基础上，实际应用的数字信号处理程序最好是能够满足简单短小、计算速度快、使用中容易维护、方便产品的升级换代等要求，这些要求是从用户和生产厂家的利益考虑的。数字信号处理器芯片能够让用户配置不同的应用软件来满足不同时间、不同环境和不同功能的需求。厂家则可以在这种芯片上，通过开发新的应用软件来满足用户或市场的新要求，适应不断发展的技术进步。若要满足这些要求，离不开优良的数学方法。

纵观全社会，数字信号处理器技术能够节省大量硬件投资、缩短开发产品的周期、实时地适应市场变化。无论是用户还是厂家都能从数字技术中获取巨大的经济效益。数字技术是一种双赢的体系。

▷▷▷ **第1章 习题** ◁◁◁

1. 语音经传声器转换得到的电信号属于模拟信号还是数字信号？家庭的室温玻璃温度计显示的温度是模拟信号还是数字信号？光盘存储的信号是模拟信号还是数字信号？

2. 电压大小连续变化的模拟信号抵抗干扰的能力强,还是电压由高低两种状态组成的数字信号抵抗干扰的能力强?

3. 观察和记录每天的温度变化,找出一年四季气温变化的规律,你觉得用模拟信号处理方法好,还是用数字信号处理方法好?

4. 如果需要放大老师上课的声音信号,请问应选择模拟信号处理器还是数字信号处理器?

5. 根据数字信号处理器系统的七个部分的功能来判断(见图1-5),家用激光唱机处理声音信号的系统由哪几部分组成?

第 2 章　数字信号处理基础

2.1　时域信号与系统

2.1.1　时域信号的描述

信号是信息的物理表现形式,是传递信息的函数。根据信号的特点不同,信号可表示成一个或几个独立变量的函数。例如,图像信号就是空间位置(二元变量)的亮度函数。一维变量可以是时间,也可以是其他参量,人们习惯将其看成时间。信号一般有以下几种类型:

(1)连续时间信号:在连续时间范围内定义的信号,但信号的幅值可以是连续数值,也可以是离散数值。当在幅值为连续这一特定情况下时又常称为模拟信号。实际上连续时间信号与模拟信号常常通用,用以说明同一信号。

(2)离散时间信号:时间为离散变量的信号。而幅值是连续变化的。

(3)数字信号:时间离散而幅度量化的信号。

我们现在来讨论离散时间信号。离散时间信号只在离散时间上给出函数值,是时间上不连续的序列。一般离散时间的间隔是均匀的,以 T 表示,故用 $x(nT)$ 表示此离散时间信号在 nT 点上的值,n 为整数。由于可将信号放在存储器中,供随时取用,加之可以"非实时"地处理,因而可以直接用 $x(n)$ 表示第 n 个离散时间点的序列值,并将序列表示成 $\{x(n)\}$。为了方便起见,就用 $x(n)$ 表示序列。注意,$x(n)$ 只在 n 为整数时才有意义,n 不是整数时没有定义。离散时间信号可以用"序列"表示,亦可以用图形来描述,如图 2-1 所示。横轴虽为连续直线,但只在 n 为整数时才有意义;

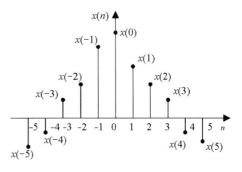

图 2-1　离散时间信号的图形表示

纵轴线段的长短代表各序列值的大小。

2.1.2 信号之间的数学关系

序列的运算包括移位、翻褶、和、积、累加、卷积和等。

1. 移位

设某一序列为 $x(n)$，当 m 为正时，则 $x(n-m)$ 是指序列 $x(n)$ 逐项依次延时(右移)m 位而给出的一个新序列，而 $x(n+m)$ 则指依次超前(左移)m 位。m 为负时，则相反。

例 2-1

$$x(n) = \begin{cases} \dfrac{1}{2}\left(\dfrac{1}{2}\right)^n, & n \geqslant -1 \\ 0, & n < -1 \end{cases}$$

如图 2-2 所示，则移位后的序列为

$$x(n+1) = \begin{cases} \dfrac{1}{2}\left(\dfrac{1}{2}\right)^{n+1}, & n+1 \geqslant -1 \\ 0, & n+1 < -1 \end{cases} \text{ 或 } x(n+1) = \begin{cases} \dfrac{1}{4}\left(\dfrac{1}{2}\right)^n, & n \geqslant -2 \\ 0, & n < -2 \end{cases}$$

如图 2-3 所示。

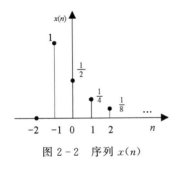

图 2-2 序列 $x(n)$

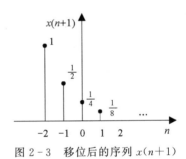

图 2-3 移位后的序列 $x(n+1)$

2. 翻褶

如果序列为 $x(n)$，则 $x(-n)$ 是以 $n=0$ 的纵轴为对称轴将序列 $x(n)$ 加以翻褶的。

例 2-2

$$x(n) = \begin{cases} \dfrac{1}{2}\left(\dfrac{1}{2}\right)^n, & n \geqslant -1 \\ 0, & n < -1 \end{cases}$$

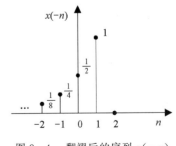

图 2-4 翻褶后的序列 $x(-n)$

如图 2-2 所示，则翻褶的序列为

$$x(-n) = \begin{cases} \dfrac{1}{2}\left(\dfrac{1}{2}\right)^{-n}, & n \geqslant -1 \\ 0, & n < -1 \end{cases}$$

如图 2-4 所示。

3. 和

两序列的和是指同序号(n)的序列值逐项对应相加而构成一个新的序列,表示为 $z(n) = x(n) + y(n)$。

例 2 - 3

$$x(n) = \begin{cases} \dfrac{1}{2}\left(\dfrac{1}{2}\right)^n, & n \geqslant -1 \\ 0, & n < -1 \end{cases}$$

如图 2 - 2 所示。

$$y(n) = \begin{cases} 2^n, & n < 0 \\ n+1, & n \geqslant 0 \end{cases}$$

如图 2 - 5 所示。

则两序列之和为

$$x(n) + y(n) = \begin{cases} 2^n, & n < -1 \\ \dfrac{3}{2}, & n = -1 \\ \dfrac{1}{2}\left(\dfrac{1}{2}\right)^n + n + 1, & n \geqslant 0 \end{cases}$$

如图 2 - 6 所示。

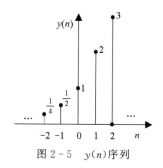

图 2 - 5 $y(n)$ 序列

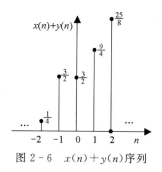

图 2 - 6 $x(n) + y(n)$ 序列

4. 积

两序列相乘是指同序号(n)的序列值逐项对应相乘而构成一个新的序列,表示为 $z(n) = x(n) \cdot y(n)$。

例 2 - 4

同上例中的 $x(n)$ 和 $y(n)$,则

$$x(n) \cdot y(n) = \begin{cases} 0, & n < -1 \\ \dfrac{1}{2}, & n = -1 \\ \dfrac{1}{2}(n+1)\left(\dfrac{1}{2}\right)^n, & n \geqslant 0 \end{cases}$$

5. 累加

设某序列为 $x(n)$,则 $x(n)$ 的累加序列 $y(n)$ 定义为

$$y(n) = \sum_{k=-\infty}^{n} x(k)$$

它表示 $y(n)$ 在某一个 n_0 上的值等于这一个 n_0 上的 $x(n_0)$ 值以及 n_0 以前的所有 n 值上的 $x(n)$ 值之和。

例 2 – 5

$$x(n) = \begin{cases} \dfrac{1}{2}\left(\dfrac{1}{2}\right)^n, & n \geqslant -1 \\ 0, & n < -1 \end{cases}$$

则

$$\begin{cases} y(n) = \sum_{k=-1}^{n} \dfrac{1}{2}\left(\dfrac{1}{2}\right)^n, & n \geqslant -1 \\ y(n) = 0, & n < -1 \end{cases}$$

因而

$$n = -1, \quad y(-1) = 1$$

$$n = 0, \quad y(0) = y(-1) + x(0) = 1 + \frac{1}{2} = \frac{3}{2}$$

$$n = 1, \quad y(1) = y(0) + x(1) = \frac{3}{2} + \frac{1}{4} = \frac{7}{4}$$

$$n = 2, \quad y(2) = y(1) + x(2) = \frac{7}{4} + \frac{1}{8} = \frac{15}{8}$$

其他 $y(n)$ 值可依此类推,如图 2 – 7 所示。

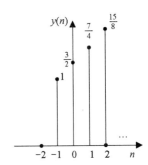

图 2 – 7　累加序列 $y(n)$ 序列

6. 卷积和

卷积和是求连续线性时不变系统输出响应(零状态响应)的主要方法。同样,对离散系统"卷积和"是求离散线性不变系统输出响应(零状态响应)的主要方法。设有两序列 $x(n)$ 和 $h(n)$,则 $x(n)$ 和 $h(n)$ 的卷积和定义为

$$y(n) = \sum_{m=-\infty}^{\infty} x(m)h(n-m) = x(n) * h(n)$$

其中,卷积和用"＊"来表示。卷积和的运算在图形上表示可以分为四步,即翻褶、移位、相乘、相加,如图 2 – 8 所示。

(1) 翻褶:先在哑变量坐标 m 上作出 $x(m)$ 和 $h(m)$,将 $h(m)$ 以 $m = 0$ 的直线为对称翻褶成 $h(-m)$。

(2) 移位:将 $h(-m)$ 移位 n,即得 $h(n-m)$。当 n 为正整数时,右移 n 位;当 n 为负整数

时,左移 n 位。

（3）相乘：再将 $h(-m)$ 和 $x(m)$ 的相同 m 值的对应点值相乘。

（4）相加：把以上所有对应点的乘积叠加起来，即得 $y(n)$ 值。

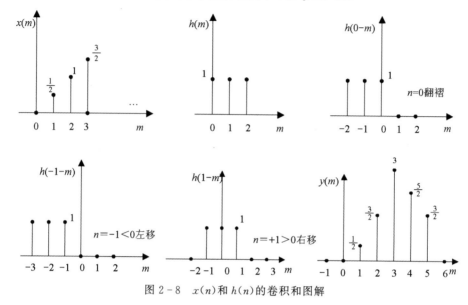

图 2-8　$x(n)$ 和 $h(n)$ 的卷积和图解

依上面的方法，取 $n=\cdots,-2,-1,0,1,2,\cdots$，即可得全部 $y(n)$ 值。

一般求解时，可能要分成几个区域来分别加以考虑，如例 2-6 说明。

例 2-6　$x(n)=\begin{cases}\dfrac{1}{2}n, & 1\leqslant n\leqslant 3\\ 0, & \text{其他 } n\end{cases}$

$h(n)=\begin{cases}1, & 0\leqslant n\leqslant 2\\ 0, & \text{其他 } n\end{cases}$

则

$$y(n)=x(n)*h(n)=\sum_{m=1}^{3}x(m)h(n-m)$$

分段考虑如下：

(1) 当 $n<1$ 时，$x(m)$ 和 $h(n-m)$ 相乘，处处为零，故 $y(n)=0,n<1$。

(2) 当 $1\leqslant n\leqslant 2$ 时，$x(m)$ 和 $h(n-m)$ 有交叠相乘的非零项，是从 $m=1$ 到 $m=n$，因此

$$y(n)=\sum_{m=1}^{n}x(m)h(n-m)=\sum_{m=1}^{n}\frac{1}{2}m=\frac{1}{2}\times\frac{1}{2}n(1+n)$$

即为

$$y(1)=\frac{1}{2},\quad y(2)=\frac{3}{2}$$

(3) 当 $3 \leqslant n \leqslant 5$ 时，$x(m)$ 和 $h(n-m)$ 交叠而非零值的 m 范围的下限是变化的($n=3$，$4,5$ 分别对应 m 的下限为 $m=1,2,3$)，而 m 的上限是 3。

$$y(3) = \sum_{m=1}^{3} x(m)h(3-m) = \sum_{m=1}^{3} \frac{1}{2}m = \frac{1}{2}(1+2+3) = 3$$

$$y(4) = \sum_{m=1}^{3} x(m)h(4-m) = \sum_{m=1}^{3} \frac{1}{2}m = \frac{1}{2}(2+3) = \frac{5}{2}$$

$$y(5) = x(3)h(5-3) = \frac{1}{2} \cdot 3 = \frac{3}{2}$$

当 $n \geqslant 6$ 时，$x(m)$ 和 $h(n-m)$ 没有非零的迭代部分，故 $y(n)=0$。由此可以看出，卷积和与两序列的先后次序无关。

2.1.3　时域系统的描述

1. 单位抽样序列(单位冲激)$\delta(n)$

单位抽样序列 $\delta(n)$ 可表示为

$$\delta(n) = \begin{cases} 1, & n = 0 \\ 0, & n \neq 0 \end{cases}$$

$\delta(n)$ 类似于连续时间信号与系统中的单位冲激函数 $\delta(t)$，但 $\delta(t)$ 是 $t=0$ 点脉冲趋于零、幅值趋于无限大、面积为 1 的信号，是极限概念的信号，或由分配函数来加以定义。而这里 $\delta(n)$ 在 $n=0$ 时取值为 1，既简单又易计算。单位抽样序列如图 2-9 所示。

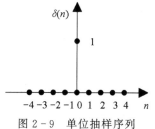

图 2-9　单位抽样序列

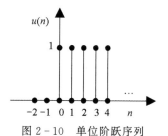

图 2-10　单位阶跃序列

2. 单位阶跃序列 $u(n)$

单位抽样序列 $u(n)$ 可表示为

$$u(n) = \begin{cases} 1, & n \geqslant 0 \\ 0, & n < 0 \end{cases}$$

$u(n)$ 类似于连续时间信号与系统中的单位阶跃函数 $u(t)$。但 $u(t)$ 在 $t=0$ 时常不给予定义，而 $u(n)$ 在 $n=0$ 时定义为 $u(0)=1$，如图 2-10 所示。

单位阶跃序列还可以表示为

$$u(n) = \sum_{k=-\infty}^{n} \delta(k)$$

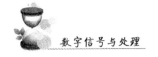

3. 矩形序列

矩形序列可表示为

$$R_N(n) = \begin{cases} 1, & 0 \leqslant n \leqslant N-1 \\ 0, & \text{其他 } n \end{cases}$$

如图 2-11 所示。

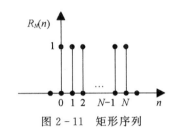

图 2-11　矩形序列

2.1.4　时域信号处理的一般方法

连续时间线性时不变系统的输入输出关系常用常系数线性微分方程表示,而离散时间线性时不变系统的输入输出关系常用以下形式的常系数线性差分方程表示,即

$$\sum_{k=0}^{N} a_k y(n-k) = \sum_{m=0}^{M} b_m x(n-m)$$

常系数是指 $a_1, a_2, \cdots, a_n, b_1, b_2, \cdots, b_m$(它们决定系统的特征)是常数。若系数中含有 n,则称为"变系数"线性差分方程。差分方程的阶数等于未知序列[指 $y(n)$]变量序号的最高值与最低值之差。

线性是指各 $y(n-k)$ 以及各 $x(n-k)$ 项都只有一次幂且不存在它们的相乘项(这和线性微分方程是一样的),否则就是非线性的。

求解常系数线性差分方程可以用序列域(离散时域)求解法,也可以用变换域求解法。

序列域求解法有两种:①迭代法,此法较简单,但是只能得到数值解,不易直接得到闭合形式(公式)解答;②卷积和计算法,用于系统起始状态为零时(即所谓松弛系统)的求解,或说求零状态解。

变换域求解法与连续时间系统的拉普拉斯变换法相类似,它采用 z 变换方法来求解差分方程,这在实际使用上是简便而有效的。卷积和方法是只要知道冲激响应就能得知任意输入时的输出响应。这里仅简单讨论离散时域的迭代解法。

下面举例说明,用迭代法求解差分方程——单位抽样响应。

例 2-7　常系数线性差分方程为

$$y(n) - ay(n-1) = x(n)$$

求其单位抽样响应[初始状态为 $y(-1)=0$]。

解　设 $x(n)=\delta(n)$，且 $y(-1)=h(-1)=0$，必有 $y(n)=h(n)=0,n<0[\delta(n)$ 作用下，输出 $y(n)$ 就是 $h(n)]$，还可得

$$h(0)=ah(-1)+1=0+1=1$$

依次迭代求得

$$h(1)=ah(0)+0=a+0=a$$
$$h(2)=ah(1)+0=a^2+0=a^2$$
$$\vdots$$
$$h(n)=ah(n-1)+0=a^n+0=a^n$$

故系统的单位抽样响应为

$$h(n)=\begin{cases} a^n, & n\geqslant 0 \\ 0, & n<0 \end{cases}$$

即

$$h(n)=a^n u(n)$$

如果 $|a|<1$，则系统是稳定的。

2.2　频域信号与系统

2.2.1　频域信号的描述

频域(frequency domain)是指在对函数或信号进行分析时，分析其和频率有关的部分，而不是和时间有关的部分，即在分析研究问题时，以频率作为基本研究变量。与时域分析法相比，频域分析法在工程上应用更广泛。频域对于判断系统是否稳定有重要意义。如图 2-12 所示为时域与频率的变换等效示意。

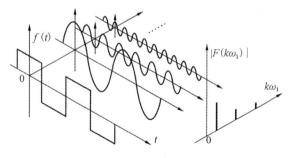

图 2-12　时域与频域信号变换的等效示意

频域测量的主要目的是获取待测量与频率之间的关系，如用频谱分析仪分析信号的频谱、测量放大器的幅频特性和相频特性等。

信号在频域中的描述采用正弦波的形式,频域中的任何波形都可以用正弦波叠加而成。

2.2.2 频域信号的正弦变换

频域信号的正弦变换是将线性微分方程的求解转换成常系数的代数方程的求解。在线性时不变的物理系统内,频率是个不变的性质,因而系统对于复杂激励的响应可以通过组合其对不同频率正弦信号的响应来获取。如图 2-13 所示为信号的正弦波分解效果。

频域信号一般可以用下式描述:

$$x(n) = A\cos(\Omega t + \varphi)(连续系统)$$

式中:A 为幅值;Ω 为连续角频率,用弧度表示;φ 为初始相位。

$$x(n) = A\cos(\omega n + \varphi)(离散系统)$$

式中:ω 为离散角频率,与 Ω 的关系为 $\omega = \Omega T$。

根据欧拉公式,可以将一个三角信号用一对共轭复指数信号表示,它们的关系满足:

$$x(n) = A\cos(\Omega t + \varphi) = A_1 e^{j\Omega t} + A_2 e^{-j\Omega t}(连续系统)$$

$$x(n) = A\cos(\omega n + \varphi) = A e^{\alpha t}(离散系统)$$

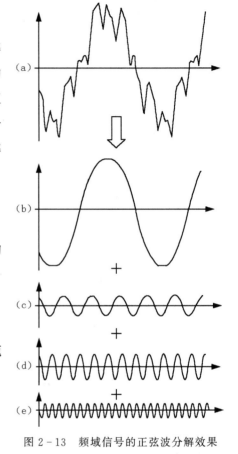

图 2-13　频域信号的正弦波分解效果

2.2.3 频域信号的傅里叶变换

傅里叶变换是常用的频域分析手段之一,是建立以时间为自变量的"信号"与以频率为自变量的"频谱函数"之间的某种变换关系。以下介绍几种形式的傅里叶变换。

1. 连续时间、连续频率——傅里叶变换

$x(j\Omega)$ 为连续的非周期频谱密度函数,下面给出傅里叶变换对的表达形式:

$$x(j\Omega) = \int_{-\infty}^{\infty} x(t) e^{-j\Omega t}\, dt$$

$$x(t) = \frac{1}{2\pi} \int_{-\infty}^{\infty} X(j\Omega) e^{j\Omega t}\, d\Omega$$

从式中可以看出,时域连续函数造成频率是非周期的谱,而时域的非周期性造成频域是连续的谱密度函数。

2. 连续时间、离散频率——傅里叶级数

设 $x(t)$ 代表一个周期为 T_0 的周期性连续时间函数,$X(jk\Omega_0)$ 作为傅里叶级数的系数,是

离散频率的非周期函数,其构成的傅里叶变换对如下:

$$X(\mathrm{j}k\Omega_0) = \frac{1}{T_0} \int_{-T_0/2}^{T_0/2} x(t) \mathrm{e}^{-\mathrm{j}k\Omega_0 t} \mathrm{d}t$$

$$x(t) = \sum_{k=-\infty}^{\infty} X(\mathrm{j}k\Omega) \mathrm{e}^{-\mathrm{j}k\Omega_0 t} \mathrm{d}t$$

式中:$\Omega_0 = 2\pi F = \dfrac{2\pi}{T_0}$ 为离散频谱相邻两谱线之间的角频率间隔;k 为谐波序号。

3. 离散时间、连续频率——序列的傅里叶变换

离散时间信号的傅里叶变换对可表示为

$$X(\mathrm{e}^{\mathrm{j}\omega}) = \sum_{n=-\infty}^{\infty} x(n) \mathrm{e}^{-\mathrm{j}\omega n}$$

$$x(n) = \frac{1}{2\pi} \int_{-\pi}^{\pi} X(\mathrm{e}^{\mathrm{j}\omega}) \mathrm{e}^{\mathrm{j}\omega n} \mathrm{d}\omega$$

如果将序列看成是连续信号的抽样,抽样时间间隔是 T,抽样频率为 $f_s = \dfrac{1}{T}$,则傅里叶变换对可表示为

$$X(\mathrm{e}^{\mathrm{j}\Omega T}) = \sum_{n=-\infty}^{\infty} x(nT) \mathrm{e}^{-\mathrm{j}n\Omega T}$$

$$x(nT) = \frac{1}{\Omega} \int_{-\frac{\Omega_s}{2}}^{\frac{\Omega_s}{2}} X(\mathrm{e}^{\mathrm{j}\Omega T}) \mathrm{e}^{\mathrm{j}n\Omega T} \mathrm{d}\Omega$$

4. 离散时间、离散频率——离散傅里叶变化

离散傅里叶变换是针对有限长序列或周期序列的,相当于把序列的连续傅里叶变换离散化,频率的离散化造成时间函数呈周期性变化,故级数应限制在一个周期之内。常用的离散傅里叶变换对可表示为

$$X(k) = \sum_{n=0}^{N-1} x(n) \mathrm{e}^{-\mathrm{j}\frac{2\pi}{N}nk}$$

$$x(n) = \frac{1}{N} \sum_{k=0}^{N-1} X(k) \mathrm{e}^{\mathrm{j}\frac{2\pi}{N}nk}$$

式中:$X(k) = X(\mathrm{e}^{\mathrm{j}\frac{2\pi}{N}k})$,$x(n) = x(nT)$。

2.2.4　系统的频率响应特性

频率特性又称为频率响应,它是系统(或元件)对不同频率正弦输入信号的响应特性,线性系统可表达为输入与输出信号之比即 $G(\mathrm{j}\Omega) = A(\Omega) \mathrm{e}^{\mathrm{j}\varphi(\Omega)}$,其中 $A(\Omega)$ 为幅频特性函数,$\varphi(\Omega)$ 是相频特性函数。幅频特性描述系统在稳态响应下不同频率正弦输入信号时幅值衰减或放大的特性;相频特性描述系统在稳态响应下不同频率正弦输入信号时在相位上产生滞

后或超前的特性。

（1）频率特性不仅仅针对系统而言，其概念对控制元件、控制装置也都适用。

（2）由于系统（环节）动态过程中的稳态分量总是可以分离出来，而且其规律性并不依靠系统的稳定性，因此可以将频率特性的概念推广到不稳定系统。

（3）虽然频率特性 $X(j\omega)$ 是在系统稳态下求得的，但与系统动态特性的形式一致，包含了系统的全部动态结构和参数。因此，尽管频率特性是一种稳态响应，但其动态过程的规律性却必然寓于其中。与微分方程、传递函数一样，频率特性也是描述系统动态的数学模型。

（4）根据频率特性的定义可知，这种数学模型即使在不知道系统内部结构和机理的情况下，也可以按照频率特性的物理意义通过实验来确定，这正是引入频率特性这一数学模型的主要原因之一。

2.2.5 频域分析的一般方法

频域分析一般采用傅里叶变换和图解法，傅里叶变换在 2.2.3 小节中已经讲解过了，这里只介绍图解法。相较于傅里叶变换，图解法更容易掌握。

1. 极坐标频率特性图（奈奎斯特图）

极坐标频率特性图又称为奈奎斯特图或幅相频率特性图。极坐标频率特性图是当 Ω 从 0 到 ∞ 变化时，以 $\Omega\omega$ 为参变量，在极坐标图上绘出 $G(j\Omega)$ 的模 $|G(j\Omega)|$ 和幅角 $\angle G(j\Omega)$ 随 Ω 变化的曲线，即当 Ω 从 0 到 ∞ 变化时，向量 $G(j\Omega)$ 的矢端轨迹。$G(j\Omega)$ 曲线上每一点所对应的向量都表示与某一输入频率 Ω 相对应的系统的频率响应，其中向量的模反映系统的幅频特性，向量的相角反映系统的相频特性。

频率特性函数可以表示为：

$$G(j\Omega) = R(\Omega) + jI(\Omega) \qquad \text{（代数式）}$$

$$= |G(j\Omega)|\angle G(j\Omega) \qquad \text{（极坐标式）}$$

$$= A(j\Omega)e^{j\varphi(\Omega)} \qquad \text{（指数式）}$$

如果将极坐标系与直角坐标系重合，那么极坐标系下的向量在直角坐标系下的实轴和虚轴上的投影分别为实频特性 $R(\Omega)$ 和虚频特性 $I(\Omega)$。

例 2 - 8 以图 2 - 14 所示的 RC 电路为例，绘制 RC 电路的极坐标频率特性图，其中 $R = 1k\Omega, C = 500\mu F$。

解 该电路的频率特性为

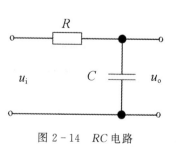

图 2 - 14　RC 电路

$$G(j\Omega) = \frac{1}{1 + RCj\Omega} = \frac{1}{1 + Tj\Omega}$$

其中,$T = RC = 0.5$,则

$$|G(j\Omega)| = \frac{1}{\sqrt{\Omega^2 T^2 + 1}} = \frac{1}{\sqrt{0.25\Omega^2 + 1}}$$

$$\angle G(j\Omega) = -\arctan T\Omega = -\arctan 0.5\Omega$$

在不同 ω 下求出的 $|G(j\omega)|$ 及 $\angle G(j\omega)$ 如表 2−1 所示。

表 2−1　不同 Ω 下的 $|G(j\Omega)|$ 及 $\angle G(j\Omega)$ 的值

Ω	0	1	2	3	4	10	100	$+\infty$
$|G(j\Omega)|$	1	0.893	0.707	0.555	0.447	0.196	0.02	0
$\angle G(j\Omega)$	0°	−26.6°	−45.0°	−56.3°	−63.4°	−78.7°	−88.9°	−90°

根据表 2−1 作出 Ω：$0^+ \rightarrow +\infty$ 部分的极坐标频率特性图,如图 2−15 的实线部分所示。根据对称性作出 Ω：$0^- \rightarrow -\infty$ 部分的极坐标频率特性图,如图 2−15 的虚线部分所示。从物理意义上看,Ω 不可能为负,但在分析系统稳定性时,绘出 Ω：$0^- \rightarrow -\infty$ 的情况是非常有帮助的。

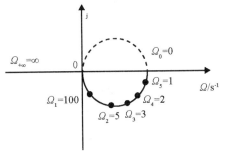

图 2−15　极坐标频率特性图

2. 对数坐标频率特性图(伯德图)

对数坐标频率特性图又称伯德图,是由对数幅频特性曲线和对数相频特性曲线组成的。通常将两者画在一张图上,统称为对数坐标频率特性图。

与极坐标图不同,在伯德图中以 Ω 为横坐标。但 Ω 的变化范围极广($0 \rightarrow \infty$),如果采用普通分度的话,很难展示出其如此之宽的频率范围。因此,在伯德图中横坐标采用对数分度。

（1）对数幅频特性的坐标系

对数幅频特性的坐标系如图 2−16 所示。

1）横轴：$\mu = \lg\Omega$。

①Ω 轴为对数分度,即采用相等的距离代表相

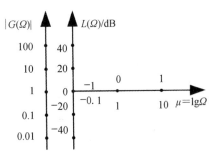

图 2−16　对数幅频特性的坐标系

等的频率倍增,在伯德图中横坐标按 $\mu = \lg\Omega$ 均匀分度。Ω 和 $\lg\Omega$ 的关系如表 2−2 所示。

表 2−2　Ω 和 $\lg\Omega$ 的关系

Ω	$\mu = \lg\Omega$
10^{-2}	−2
10^{-1}	−1

续　表

Ω	$\mu = \lg\Omega$
10^0	0
10^1	1
10^2	2
10^3	3

②对 $\lg\Omega$ 而言为线性分度，如表 2-2 所示。

③ $\Omega=0$ 在对数分度的坐标系中为负无穷远处。

④从表 2-2 中可以看出，Ω 的数值每变化 10 倍，在对数坐标上 $\lg\Omega$ 相应变化一个单位。频率变化 10 倍的一段对数刻度称为"十倍频程"，用"dec"表示，即对 μ 而言：

$$\Delta\mu = \lg 10\omega - \lg\omega = 1$$

2）纵轴：$L = 20\lg A(\Omega)$，单位为分贝，记作 dB。

（2）对数相频特性的坐标系

对数相频特性的坐标系如图 2-16 所示。

1）横轴：Ω 轴对数分度，即 $\mu = \lg\Omega$。

2）纵轴：$\varphi(\Omega)$=线性分度。

例 2-9　绘制例 2-14 中 RC 电路的对数坐标频率特性图（设 $T=1s$）。

解　RC 电路的频率特性为

$$G(j\Omega) = \frac{1}{1 + RCj\Omega} = \frac{1}{1 + Tj\Omega}$$

所以有

$$L(\Omega) = 20\lg |G(j\Omega)| = 20\lg \frac{1}{\sqrt{1 + \Omega^2 T^2}}$$

$$= -20\lg \sqrt{1 + \Omega^2 T^2} = -20\lg \sqrt{1 + \Omega^2}$$

$$\varphi(\Omega) = \angle G(j\Omega) = -\arctan(\Omega T) = -\arctan(\Omega)$$

对于不同的 Ω 求出 $L(\Omega)$ 和 $\varphi(\Omega)$ 的值，如表 2-3 所示；然后绘出该电路的对数坐标频率特性曲线，如图 2-17 所示。

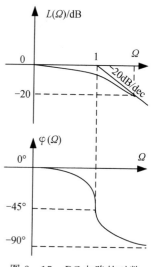

图 2-17　RC 电路的对数坐标频率特性

表 2-3　不同 Ω 下的 $L(\Omega)$ 及 $\varphi(\Omega)$ 的值

Ω	0.1	0.5	1	5	10	100	$+\infty$
$L(\Omega)$	-0.04	-0.97	-3.01	-14.1	-20	-40	$-\infty$
$\varphi(\Omega)$	$-5.7°$	$-26.6°$	$-45.0°$	$-78.7°$	$-84.3°$	$-89.4°$	$-90°$

2.3 快速傅里叶变换

2.3.1 时域信号快速傅里叶变换

傅里叶变换在离散时间信号处理算法和系统的分析、设计及实现中起着十分重要的作用。离散傅里叶变换能够在频域中分析信号和系统的特点,实现频域中信号的处理和系统的设计。傅里叶变换的各种有效算法使其成为时间系统诸多实际应用中十分重要的一部分。

快速傅里叶变换使傅里叶变换的运算效率明显提高,为数字信号处理技术应用于各种信号的实时处理创造了良好的条件,大大推动了数字信号处理技术的发展。

在时域中的快速傅里叶变换简称为 DIT(decimation in time),即设序列点数为 $N=2^L$,L 为整数。如果不满足这个条件,可以人为地加上若干零值点,使之达到这一要求。这种 N 为 2 的整数幂的 FFT 也称为基-2FFT。

下面介绍算法原理。

将 $N=2^L$ 的序列 $x(n)(n=0,1,\cdots,N-1)$ 先按 n 的奇偶分成以下两组:

$$\begin{cases} x(2r) = x_1(r) \\ x(2r+1) = x_2(r) \end{cases}, r = 0,1,\cdots,\frac{N}{2}-1$$

则可将 DFT(discrete fourier transformation)化为

$$X(k) = \mathrm{DFT}[x(n)] = \sum_{n=0}^{N-1} x(n)W_N^{nk} = \sum_{\substack{n=0 \\ n \text{ 是 even}}}^{N-1} x(n)W_N^{nk} + \sum_{\substack{n=0 \\ n \text{ 是 odd}}}^{N-1} x(n)W_N^{nk}$$

$$= \sum_{r=0}^{\frac{N}{2}-1} x(2r)W_N^{2rk} + \sum_{r=0}^{\frac{N}{2}-1} x(2r+1)W_N^{(2r+1)k}$$

$$= \sum_{r=0}^{\frac{N}{2}-1} x_1(r)(W_N^2)^{rk} + W_N^k \sum_{r=0}^{\frac{N}{2}-1} x_2(r)(W_N^2)^{rk}$$

利用系数 W_N^{nk} 的可约性,即 $W_N^2 = \mathrm{e}^{-\mathrm{j}\frac{2\pi}{N} \cdot 2} = \mathrm{e}^{-\mathrm{j}2\pi / \left(\frac{N}{2}\right)} = W_{N/2}$,上式可表示为

$$X(k) = \sum_{r=0}^{\frac{N}{2}-1} x_1(r)W_{N/2}^{rk} + W_N^k \sum_{r=0}^{\frac{N}{2}-1} x_2(r)W_{N/2}^{rk} = X_1(k) + W_N^k X_2(k) \qquad (2-1)$$

式中:$X_1(k)$ 与 $X_2(k)$ 分别是 $x_1(r)$ 及 $x_2(r)$ 的 $N/2$ 点 DFT:

$$X_1(k) = \sum_{r=0}^{\frac{N}{2}-1} x_1(r)W_{N/2}^{rk} = \sum_{r=0}^{\frac{N}{2}-1} x(2r)W_{N/2}^{rk}$$

$$X_2(k) = \sum_{r=0}^{\frac{N}{2}-1} x_2(r)W_{N/2}^{rk} = \sum_{r=0}^{\frac{N}{2}-1} x(2r+1)W_{N/2}^{rk}$$

由上式可以看出,一个 N 点 DFT 已分解成两个 $N/2$ 点的 DFT,它们又组合成一个 N 点 DFT。但是,$x_1(r)$、$x_2(r)$ 以及 $X_1(k)$、$X_2(k)$ 都是 $N/2$ 点的序列,即 r,k 满足 $r,k = 0,1,\cdots,$ $\dfrac{N}{2}-1$。而 $X(k)$ 却有 N 点,用式(2-1)计算得到的只是 $X(k)$ 的前一半项数的结果,要用 $X_1(k)$、$X_2(k)$ 来表达全部的 $X(k)$ 值,还必须应用系数的周期性,即

$$W_{N/2}^{rk} = W_{N/2}^{r\left(k+\frac{N}{2}\right)}$$

这样可得到

$$X_1\left(\frac{N}{2}+k\right)= \sum_{r=0}^{\frac{N}{2}-1} x_1(r)W_{N/2}^{r\left(\frac{N}{2}+k\right)} = \sum_{r=0}^{\frac{N}{2}-1} x_1(r)W_{N/2}^{rk} = X_1(k)$$

同理可得

$$X_2\left(\frac{N}{2}+k\right)= X_2(k)$$

以上两式说明了后半部分 k 值($N/2 \leqslant k \leqslant N-1$)所对应的 $X_1(k)$、$X_2(k)$ 分别等于前半部分 k 值($0 \leqslant k \leqslant N/2-1$)所对应的 $X_1(k)$、$X_2(k)$。

再考虑到 W_N^{rk} 的以下性质:

$$W_N^{\left(\frac{N}{2}+k\right)} = W_{N/2}^{N/2}W_N^k = -W_N^k$$

这样就可以将 $X(k)$ 表达为前后两部分:

前半部分

$$X(k) = X_1(k) + W_N^k X_2(k), k = 0,1,\cdots,\frac{N}{2}-1$$

后半部分

$$X\left(k+\frac{N}{2}\right)= X_1\left(k+\frac{N}{2}\right)+ W_N^{\left(k+\frac{N}{2}\right)}X_2\left(k+\frac{N}{2}\right)$$

$$= X_1(k) - W_N^k X_2(k), k = 0,1,\cdots,\frac{N}{2}-1$$

这样,只要求出 0 到 $\left(\dfrac{N}{2}-1\right)$ 区间内的所有 $X_1(k)$ 和 $X_2(k)$ 值,即可求出 0 到 $(N-1)$ 区间内的所有 $X(k)$ 值,这就大大节省了运算。

$X(k)$ 的运算可以用蝶形运算流图符号表示,如图 2-18 所示。

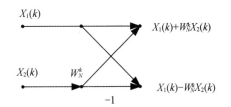

图 2-18　时间抽选法蝶形运算流图符号

采用这种表示法,可将上面讨论的分解过程表示为如图 2-19 所示。此图表示 $N=2^3=8$ 的情况,其中输出值 $X(0)$ 到 $X(3)$ 是由前半部分 $X(k)$ 给出的,而输出值 $X(4)$ 到 $X(7)$ 是由后半部分 $X(k)$ 给出的。

可以看出,每个蝶形运算需要一个复数乘法 $X_2(k)W_N^k$ 及两次复数加(减)法。据此,一

个 N 点 DFT 分解为两个 $N/2$ 点 DFT 后,如果直接计算 $N/2$ 点 DFT,则每个 $N/2$ 点 DFT 只需要 $\left(\dfrac{N}{2}\right)^2 = \dfrac{N^2}{4}$ 次复数乘法,$\dfrac{N}{2}\left(\dfrac{N}{2} - 1\right)$ 次复数加法,两个 $N/2$ 点 DFT 共需 $2X\left(\dfrac{N}{2}\right)^2 = \dfrac{N^2}{2}$ 次复数乘法和 $N\left(\dfrac{N}{2} - 1\right)$ 次复数加法。此外,把两个 $N/2$ 点 DFT 合成为 N 点 DFT 时,有 $N/2$ 个蝶形运算,还需要 $N/2$ 次复数乘法及 $2\times\dfrac{N}{2} = N$ 次复数加法。因此,通过这第一步分解后,总共需要 $\dfrac{N^2}{2} + \dfrac{N}{2} = \dfrac{N(N+1)}{2} \approx \dfrac{N^2}{2}$ 次复数乘法和 $N\left(\dfrac{N}{2} - 1\right) + N = \dfrac{N^2}{2}$ 次复数加法。因此,通过这样分解后运算工作量差不多能减少一半。

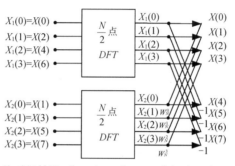

图 2 - 19　按时间轴选,将一个 N 点 DFT 分解为两个 $N/2$ 点 DFT

既然如此,由于 $N = 2^L$,因此 $N/2$ 仍是偶数,可以进一步把每一个 $N/2$ 点子序列再按其奇偶部分分解为两个 $N/4$ 点的子序列。

$$\begin{cases} x_1(2l) = x_3(l) \\ x_1(2l+1) = x_4(l) \end{cases}, l = 0,1,\cdots,\frac{N}{4} - 1$$

$$\begin{aligned} x_1(k) &= \sum_{l=0}^{\frac{N}{4}-1} x_1(2l) W_{N/2}^{2lk} + \sum_{l=0}^{\frac{N}{4}-1} x_1(2l+1) W_{N/2}^{(2l+1)k} \\ &= \sum_{l=0}^{\frac{N}{4}-1} x_3(l) W_{N/4}^{lk} + W_{N/2}^{k} \sum_{l=0}^{\frac{N}{4}-1} x_4(l) W_{N/4}^{lk} \\ &= X_3(k) + W_{N/2}^{k} X_4(k), k = 0,1,\cdots,\frac{N}{4} - 1 \end{aligned}$$

且

$$X_1\left(\frac{N}{4} + k\right) = X_3(k) - W_{N/2}^{k} X_4(k), k = 0,1,\cdots,\frac{N}{4} - 1$$

其中

$$X_3(k) = \sum_{l=0}^{\frac{N}{4}-1} x_3(l) W_{N/4}^{lk}$$

$$X_4(k) = \sum_{l=0}^{\frac{N}{4}-1} x_4(l) W_{N/4}^{lk}$$

如图 2-20 所示给出 $N=8$ 时,将一个 $N/2$ 点 DFT 分解成两个 $N/4$ 点 DFT,由这两个 $N/4$ 点 DFT 组合成一个 $N/2$ 点 DFT 的流图。

$X_2(k)$ 也可进行同样的分解:

$$\begin{cases} x_2(k) = X_5(k) + W_{N/2}^k X_6(k) \\ X_2\left(\dfrac{N}{4} + k\right) = X_5(k) - W_{N/2}^k X_6(k) \end{cases}, k = 0, 1, \cdots, \dfrac{N}{4} - 1$$

$$X_5(k) = \sum_{l=0}^{\frac{N}{4}-1} x_2(2l) W_{N/4}^{lk} = \sum_{l=0}^{\frac{N}{4}-1} x_5(l) W_{N/4}^{lk}$$

$$X_6(k) = \sum_{l=0}^{\frac{N}{4}-1} x_2(2l+1) W_{N/4}^{lk} = \sum_{l=0}^{\frac{N}{4}-1} x_6(l) W_{N/4}^{lk}$$

图 2-20　由两个 $N/4$ 点 DFT 组合成一个 $N/2$ 点 DFT

将系数统一为 $W_{N/2}^k = W_N^{2k}$,则一个 $N=8$ 点 DFT 就可分解为 $\dfrac{N}{4} = 2$ 点 DFT,这样可得图 2-21 所示的流图。

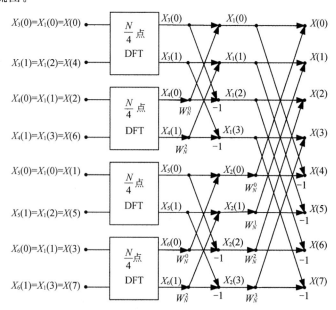

图 2-21　按时间抽选,将一个 N 点 DFT 分解为四个 $N/4$ 点 DFT($N=8$)

根据上面的分析可知,利用四个 $N/4$ 点的 DFT 及两级蝶形组合运算来计算 N 点 DFT,比只用一次分解蝶形组合方式的计算量又减少了大约一半。

现在具体观察偶数与奇数的分解过程中序列标号的变化。对于一个 $N=8$ 点的 DFT 的例子,输入序列 $x(n)$ 按偶数点与奇数点第一次分解为两个 $N/2$ 点序列:

<table>
<tr><td>偶序列</td><td>奇序列</td></tr>
<tr><td>$x(2r)=x_1(r)$</td><td>$x(2r+1)=x_2(r)$</td></tr>
</table>

$$r=0,1,\cdots,\frac{N}{2}-1$$

r	0	1	2	3
$n=2r$	0	2	4	6

r	0	1	2	3
$n=2r+1$	1	3	5	7

第二次分解,把每个 $N/2$ 点的子序列按偶、奇分解为两个 $N/4$ 点子序列:

$$l=0,1,\cdots,\frac{N}{4}-1$$

偶序列中的偶数序列

$$x_1(2l)=x_3(l)$$

l	0	1
$r=2l$	0	2
$n=2r$	0	4

偶序列中的奇数序列

$$x_1(2l+1)=x_4(l)$$

l	0	1
$r=2l+1$	1	3
$n=2r$	2	6

奇序列中的偶数序列

$$x_2(2l)=x_5(l)$$

l	0	1
$r=2l$	0	2
$n=2r+1$	1	5

奇序列中的奇数序列

$$x_2(2l+1)=x_6(l)$$

l	0	1
$r=2l+1$	1	3
$n=2r+1$	3	7

最后剩下的是两点 DFT,对于此例 $N=8$,就是四个 $N/4=2$ 点 DFT,其输出为 $x_3(k)$, $x_4(k),x_5(k),x_6(k),k=0,1$,这可以由上面所提到的四个公式计算出来。例如:

$$X_4(k)=\sum_{l=0}^{\frac{N}{4}-1}x_4(l)W_{N/4}^{lk}=\sum_{l=0}^{1}x_4(l)W_{N/4}^{lk},k=0,1$$

即

$$X_4(0) = X_4(0) + W_2^0 X_4(1) = X(2) + W_2^0 X(6) = X(2) + W_N^0 X(6)$$

$$X_4(1) = X_4(0) + W_2^1 X_4(1) = X(2) + W_2^1 X(6) = X(2) - W_N^0 X(6)$$

注意式中 $W_2^1 = e^{-j\frac{2\pi}{2} \times 1} = e^{-j\pi} = -1 = -W_N^0$，故计算上式不需要乘法。类似地可求出 $x_3(k), x_5(k), x_6(k)$，这些两点 DFT 都可用一个蝶形结表示。由此可得出一个按时间抽选运算的完整 8 点 DFT 流图，如图 2-22 所示。

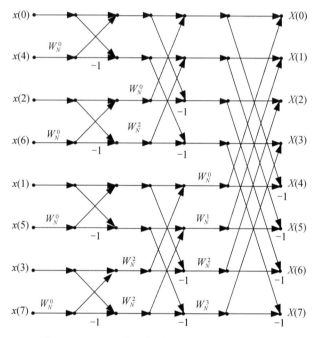

图 2-22 $N=8$ 按时间抽选法的 FFT 运算流图

这种方法的每一步分解都是按输入序列在时间上的次序是属于偶数还是奇数来分解为两个更短的子序列的。

2.3.2 频域信号快速傅里叶变换

信号除了可以按时间轴抽取外，还可以按频域抽选（DIF）的 FFT 算法开展分析，即把输出序列 $X(k)$ 按其顺序的奇偶分解为越来越短的序列。

设序列点数为 $N=2^L$，L 为整数。在把输出 $X(k)$ 按 k 的奇偶分组之前，先把输入按 n 的顺序分成前后两半：

$$X(k) = \sum_{n=0}^{N-1} x(n) W_N^{nk} = \sum_{n=0}^{\frac{N}{2}-1} x(n) W_N^{nk} + \sum_{n=\frac{N}{2}}^{N-1} x(n) W_N^{nk}$$

$$= \sum_{n=0}^{\frac{N}{2}-1} x(n)W_N^{nk} + \sum_{n=0}^{\frac{N}{2}-1} x\left(n+\frac{N}{2}\right)W_N^{(n+\frac{N}{2})k}$$

$$= \sum_{n=0}^{\frac{N}{2}-1} \left[x(n) + x\left(n+\frac{N}{2}\right)W_N^{Nk/2}\right] \cdot W_N^{nk}, k=0,1,\cdots,N-1$$

式中：用的是 W_N^{nk}，而不是 $W_{N/2}^{nk}$，因而这并不是 $N/2$ 点 DFT。

由于 $W_N^{N/2} = -1$，故 $W_N^{Nk/2} = (-1)^k$，可得

$$X(k) = \sum_{n=0}^{\frac{N}{2}-1} \left[x(n) + (-1)^k x\left(n+\frac{N}{2}\right)\right] \cdot W_N^{nk}, k=0,1,\cdots,N-1$$

当 k 为偶数时，$(-1)^k=1$，k 为奇数时，$(-1)^k=-1$。因此，按 k 的奇偶可将 $X(k)$ 分为两部分。令

$$\begin{cases} k=2r \\ k=2r+1 \end{cases}, r=0,1,\cdots,\frac{N}{2}-1$$

则

$$X(2r) = \sum_{n=0}^{\frac{N}{2}-1} \left[x(n) + x\left(n+\frac{N}{2}\right)\right] \cdot W_N^{2nr}$$

$$= \sum_{n=0}^{\frac{N}{2}-1} \left[x(n) + x\left(n+\frac{N}{2}\right)\right] \cdot W_{N/2}^{nr} \qquad (2-2)$$

$$X(2r+1) = \sum_{n=0}^{\frac{N}{2}-1} \left[x(n) - x\left(n+\frac{N}{2}\right)\right] \cdot W_N^{n(2r+1)} \qquad (2-3)$$

上面的式(2-2)为前一半输入与后一半输入之和的 $N/2$ 点 DFT，式(2-3)为前一半输入与后一半输入之差再与 W_N^n 之积的 $N/2$ 点 DFT。令

$$\begin{cases} x_1(n) = x(n) + x\left(n+\frac{N}{2}\right) \\ x_2(n) = \left[x(n) - x\left(n+\frac{N}{2}\right)\right]W_N^n \end{cases}, n=0,1,\cdots,\frac{N}{2}-1 \qquad (2-4)$$

则

$$\begin{cases} X(2r) = \sum_{n=0}^{\frac{N}{2}-1} x_1(n)W_{N/2}^{nr} \\ X(2r+1) = \sum_{n=0}^{\frac{N}{2}-1} x_2(n)W_{N/2}^{nr} \end{cases}, r=0,1,\cdots,\frac{N}{2}-1$$

式(2-4)所表示的运算关系可以用图 2-23 所示的蝶形运算表示。

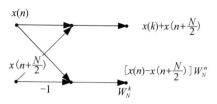

图 2-23　按频率抽选蝶形运算流图符号

这样,我们就把一个 N 点 DFT 按 k 的奇偶分解为两个 $N/2$ 点的 DFT 了。$N=8$ 时,上述分解过程如图 2-24 所示。

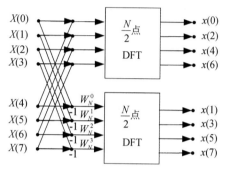

图 2-24　按频率抽选,将 N 点 DFT 分解为两个 $N/2$ 点 DFT 的组合($N=8$)

与时间抽选法的推导过程一样,由于 $N=2^L$,$N/2$ 仍是一个偶数,因而可以将每个 $N/2$ 点 DFT 的输出再分解为偶数组与奇数组,这就将 $N/2$ 点 DFT 进一步分解为两个 $N/4$ 点 DFT。这两个 $N/4$ 点 DFT 的输入也是将 $N/2$ 点 DFT 的输入上下对半分开后通过蝶形运算而形成的,如图 2-25 所示为这一步分解的过程。

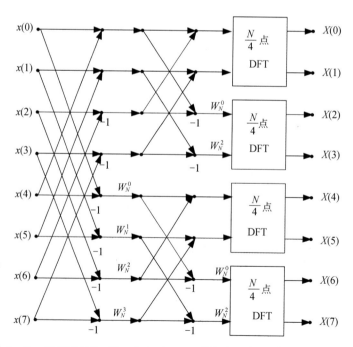

图 2-25　按频率抽选,将一个 N 点 DFT 分解为四个 $N/4$ 点 DFT($N=8$)

这样的分解可以一直进行到第 L 次（$N=2^L$），第 L 次实际上就是做两点 DFT，它只有加减运算。但是，为了比较和统一结构，我们仍然采用系数为 W_N^n 的蝶形运算来表示，那么这 $N/2$ 点 DFT 的 N 个输出就是 $x(n)$ 的 N 点 DFT 的结果 $X(k)$。如图 2-26 所示为一个 $N=8$ 的完整的按频率抽选的 FFT 结构。

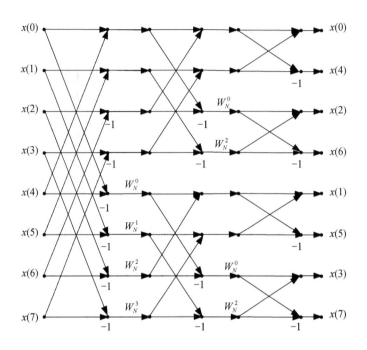

图 2-26　按频率抽选 FFT 流图（$N=8$）

▶▶▶ 第 2 章　习题 ◀◀◀

1. 一线性时不变系统，输入为 $x(n)$ 时，输出为 $y(n)$，则输入为 $2x(n)$ 时，输出为_____；输入为 $x(n-3)$ 时，输出为_____。

2. 从奈奎斯特采样定理得出，要使实信号采样后能够不失真还原，采样频率 f 与信号最高频率 f_s 的关系为_____。

3. 已知一个长度为 N 的序列 $x(n)$，它的傅里叶变换为 $X(e^{jw})$，那么它的 N 点离散傅里叶变换 $X(k)$ 是关于 $X(e^{jw})$ 的_____点等间隔_____。

4. 有限长序列 $x(n)$ 的 8 点 DFT 为 $X(k)$，则 $X(k)=$_____。

5. 若正弦序列 $x(n)=\sin(30n\pi/120)$ 是周期的，则周期 $N=$_____。

6. 已知因果序列 $x(n)$ 的 z 变换为 $X(z)=eZ^{-1}$，则 $x(0)=$ _____。

7. 对长度为 N 的序列 $x(n)$ 圆周移动 m 位得到的序列用 $x_m(n)$ 表示，其数学表达式为 $x_m(n)=$ _____。

8. $\delta(n)$ 的 z 变换是 _____。

    A. 1   B. $\delta(w)$ C. $2\pi\delta(w)$ D. 2π

9. 序列 $x_1(n)$ 的长度为 4，序列 $x_2(n)$ 的长度为 3，则它们线性卷积的长度是 _____，5 点圆周卷积的长度是 _____。

    A. 5，5   B. 6，5   C. 6，6   D. 7，5

10. 在 $N=32$ 的时间抽取法 FFT 运算流图中，从 $x(n)$ 到 $X(k)$ 需 _____ 级蝶形运算过程。

    A. 4   B. 5   C. 6   D. 3

11. 下面描述中最适合离散傅里叶变换 DFT 的是（   ）。

    A. 时域为离散序列，频域也为离散序列

    B. 时域为离散有限长序列，频域也为离散有限长序列

    C. 时域为离散无限长序列，频域为连续周期信号

    D. 时域为离散周期序列，频域也为离散周期序列

12. 设序列 $x(n)=\{4,3,2,1\}$，另一序列 $h(n)=\{1,1,1,1\}$，$n=0,1,2,3$，请试求：

    (1) 线性卷积 $y(n)=x(n)*h(n)$。

    (2) 6 点圆周卷积。

    (3) 8 点圆周卷积。

13. 请画出 8 点的按频率抽取的（DIF）基-2 FFT 流图，要求输入自然数顺序，输出倒位序。

第3章　数字滤波器的原理及设计

3.1　数字滤波器的原理

3.1.1　数字滤波器的概念

处理数字信号频谱的系统俗称数字滤波器。数字滤波器的原理框图如图 3-1 所示,它的核心是数字信号处理器。

图 3-1　数字滤波器的原理

数字滤波器是通过程序计算信号达到滤波的目的。通过对数字滤波器的储存编写程序,就可以实现各种滤波功能。对数字滤波器来说,增加功能就是增加程序,不增加元件,不受元件误差的影响。用数字滤波器可以摆脱模拟滤波器被元件限制的困扰。

模拟滤波器频率特性 $H(\Omega)$ 的角频率 Ω 或自然频率 f 的范围是从 $0\sim\infty$。实际上,工程师设计产品时,着重考虑的是有用的频率范围。典型的模拟滤波器是按照允许通过的频率成分范围来划分的。比如,低通滤波器、高通滤波器、带通滤波器、带阻滤波器等,它们的理想幅频特性 $H(\Omega)$ 如图 3-2 所示,阴影部分表示这个范围的频率成分能否通过的界限,叫作截止频率。例如,低通滤波器允许 $\{0,\Omega_c\}$ 的频率成分通过,禁止其他频率成分通过;带通滤波器让 $[\Omega_L,\Omega_H]$ 的频率成分通过,禁止其他频率成分通行。频率成分能顺利通过的频率范

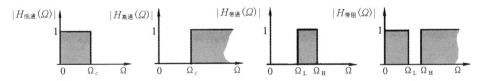

图 3-2　四种理想模拟滤波器的幅频特性

围叫作通带,频率成分不能顺利通过的频率范围叫作阻带。

模拟滤波器的自变量是角频率 Ω 或者自然频率 f,角频率 Ω 的单位为 rad/s,自然频率 f 的单位为 Hz。

数字滤波器是离散时间系统 $h(n)$,是实数序列,它处理的是离散时间信号。数字滤波器的频率特性 $H(\omega)$ 具有周期性,一般以数字角频率 ω 主值区间 $[0,2\pi]$ 的特性为基础,其他频率范围的特性都是主值的特性周期重复。典型的数字滤波器有低通滤波器、高通滤波器、带通滤波器和阻带滤波器,它们的理想幅频特性如图 3-3 所示,阴影部分代表通带,其他频带是阻带。频带是频率范围的简称。例如,低通滤波允许 $\omega=0\sim\omega_c$ 的低频成分顺利通过,而 $\omega=\omega_c\sim\pi$ 的高频成分则被衰减到 0。$\omega=\pi\sim2\pi$ 的频谱对应 $\omega=-\pi\sim0$ 的频谱,它们和 $\omega=\pi\sim0$ 的频谱对称。

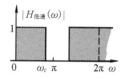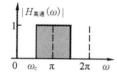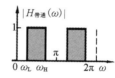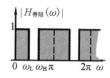

图 3-3 四种理想数字滤波器的幅频特性

为了提高效率,就要利用频谱的周期性和对称性。根据频谱 $H(\omega)$ 的周期性,$\omega=0$ 或 $\omega=2\pi$ 附近的频谱对应低频成分。由于 $|H(\omega)|$ 对于 $\omega=\pi$ 呈现偶对称,所以人们经常只考虑 ω 在 $[0,\pi]$ 范围的幅频特性。例如,带阻滤波器禁止 $\omega=\omega_L\sim\omega_H$ 频带的成分通过,它对称于 $\omega=2\pi-\omega_L\sim2\pi-\omega_H$ 频带的幅频特性。

数字滤波器的自变量是数字角频率 ω,它的单位是 rad/样本。如果希望使用模拟角频率 Ω 和自然数 f,可以依据数字角频率和模拟频率的关系进行转换。例如,数字角频率 ω 的 $[0,\pi]$ 频带,对应模拟角频率 Ω 的 $[0,\Omega_s/2]$ 频带,或者自然频率 f 的 $[0,f_s/2]$ 频带。

$$\omega=\Omega T_s=2\pi f T_s=\frac{2\pi f}{f_s}\quad(T_s\ \text{是采样周期},f_s\ \text{是采样频率})$$

以上介绍了典型滤波器的理想模型,既简单又直观。对于实际的电路和系统,这种理想滤波器是做不出来的。设计滤波器时,只是以理想滤波器为模型,尽量逼近理想滤波器的效果。但是,这么做需要付出代价,性能越接近理想滤波器的系统,其复杂程度和成本就越高。

3.1.2 数字滤波器的性能指标

1. 性能指标

滤波器性能一般用系统频率特性 $H(e^{j\omega})$ 来说明,常用的性能指标主要有以下三个参数。

（1）幅度平方函数。

$$\begin{aligned}
\left| H(\mathrm{e}^{\mathrm{j}\omega}) \right|^2 &= H(\mathrm{e}^{\mathrm{j}\omega}) \cdot H^*(\mathrm{e}^{\mathrm{j}\omega}) \\
&= H(\mathrm{e}^{\mathrm{j}\omega}) \cdot H(\mathrm{e}^{-\mathrm{j}\omega}) \\
&= H(z) \cdot H^*(z) \big|_{z=\mathrm{e}^{\mathrm{j}\omega}}
\end{aligned}$$

该性能指标主要用来说明系统的幅频特性。

（2）相位函数。

$$H(\mathrm{e}^{\mathrm{j}\omega}) = \mathrm{Re}[H(\mathrm{e}^{\mathrm{j}\omega})] + \mathrm{jIm}[H(\mathrm{e}^{\mathrm{j}\omega})] = \left| H(\mathrm{e}^{\mathrm{j}\omega}) \right| \mathrm{e}^{\mathrm{j}\beta(\mathrm{e}^{\mathrm{j}\omega})}$$

其中

$$\beta(\mathrm{e}^{\mathrm{j}\omega}) = \arctan\left\{ \frac{\mathrm{Im}[H(\mathrm{e}^{\mathrm{j}\omega})]}{\mathrm{Re}[H(\mathrm{e}^{\mathrm{j}\omega})]} \right\}$$

该指标主要用来说明系统的相位特性。

（3）群延时。

$$\tau(\omega) = -\frac{\mathrm{d}[\beta(\mathrm{e}^{\mathrm{j}\omega})]}{\mathrm{d}\omega}$$

定义为相位对角频率导数的负值,说明了滤波器对不同的频率成分的平均延时。当要求在通带内的群延迟是常数时,滤波器相位响应特性应该是线性的。

实际设计中所能得到的滤波器的频率特性与理想滤波器的频率特性之间存在着一些显著的差别,现以低通滤波器的频率特性为例进行说明。

2. 理想滤波器的特性

设滤波器输入信号为 $x(t)$,信号中混入噪音 $u(t)$,它们有不同的频率成分。滤波器的单位脉冲响应为 $h(t)$,则理想滤波器输出为

$$y(t) = [x(t) + u(t)] * h(t) = K \cdot x(t-\tau)$$

即噪声信号被滤除,即 $u(t) * h(t) = 0$,而信号无失真理想滤波器只有延时和线性放大。对上式进行傅里叶变换得

$$Y(\mathrm{j}\Omega) = X(\mathrm{j}\Omega) \cdot H(\mathrm{j}\Omega) + U(\mathrm{j}\Omega) \cdot H(\mathrm{j}\Omega) = K\mathrm{e}^{-\mathrm{j}\Omega\tau}X(\mathrm{j}\Omega)$$

假定噪声信号被滤除,即

$$U(\mathrm{j}\Omega) \cdot H(\mathrm{j}\Omega) = 0$$

整理得

$$H(\mathrm{j}\Omega) = \frac{Y(\mathrm{j}\Omega)}{X(\mathrm{j}\Omega)} = K\mathrm{e}^{-\mathrm{j}\Omega\tau}$$

假定信号频率成分为 $\Omega \leqslant \Omega_c$,噪声频率成分为 $\Omega > \Omega_c$,则完成滤波的理想低通滤波器特性是

$$H(\mathrm{j}\Omega) = \frac{Y(\mathrm{j}\Omega)}{X(\mathrm{j}\Omega)} = \begin{cases} K \cdot \mathrm{e}^{-\mathrm{j}\Omega\tau}, & |\Omega| \leqslant \Omega_c \\ 0, & |\Omega| > \Omega_c \end{cases}$$

即

$$|H(\mathrm{j}\Omega)| = \begin{cases} K, & |\Omega| \leqslant \Omega_c \\ 0, & |\Omega| > \Omega_c \end{cases}$$

$$\arg(H(\mathrm{j}\Omega)) = -\Omega\tau$$

系统的单位脉冲响应为

$$h(t) = \frac{1}{2\pi}\int_{-\Omega_c}^{\Omega_c} K\mathrm{e}^{-\mathrm{j}\Omega\tau} \cdot \mathrm{e}^{\mathrm{j}\Omega t}\,\mathrm{d}\Omega = K\frac{\sin\left[(t-\tau)\Omega_c\right]}{\pi(t-\tau)}$$

理性低通滤波器的频率特性如图 3-4 所示,单位脉冲响应的波形如图 3-5 所示。

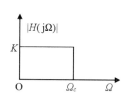

图 3-4 理想低通滤波器频率特性

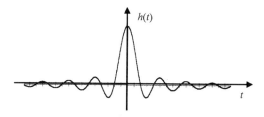

图 3-5 理性滤波器的单位脉冲响应($\tau=0$)

理想滤波器具有非因果、无限长的单位脉冲响应和不连续的频率特性,要用稳定的线性时不变系统来实现这样的特性是不可能的。工程上是用脉冲响应为有限长的、因果的、稳定的线性时不变系统或具有连续频率特性的线性时不变系统来逼近理想特性。在满足一定的误差要求的情况下来实现理想滤波特性。因此,实际的滤波器的频率特性如图 3-6 所示。图中 ω_c 为截止频率;ω_s 为阻带起始频率;$\omega_s-\omega_c$ 为过渡带宽。

在通带内幅度响应以 $\pm\sigma_1$ 的误差接近于 1,即

$$1-\sigma_1 \leqslant |H(\mathrm{e}^{\mathrm{j}\omega})| \leqslant 1+\sigma_1,\ |\omega| \leqslant \omega_c$$

ω_s 在阻带内幅度响应以小于 σ_2 的误差接近于零,即

$$|H(\mathrm{e}^{\mathrm{j}\omega})| \leqslant \sigma_2,\ \omega_s \leqslant |\omega| \leqslant \pi$$

为了使逼近理想低通滤波器的方法成为可能,还必须提供一带宽为 $\omega_s-\omega_c$ 的不为零的过渡带。在这个频带内,幅度响应从通带平滑地下落到阻带。

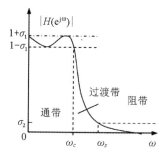

图 3-6 实际滤波器的频率特性

3.1.3 数字滤波器的研究方法

数字滤波器的表示方法有系统函数、频率响应、差分方程、单位脉冲响应、卷积、零极点图、框图、算法、信号流图等,它们均有各自擅长之处,能从不同的角度描述和刻画滤波器的特性和处理方法。下面逐一归纳它们在描述滤波器中的作用以及对设计滤波器的帮助。

1. 系统函数

系统函数也叫传递函数(transfer function),它的表达式有多种写法,即

$$H(z) = \frac{Y(z)}{X(z)} = \frac{b_0 + b_1 z^{-1} + b_2 z^{-2} + \cdots + b_M z^{-M}}{1 + a_1 z^{-1} + a_2 z^{-2} + \cdots + a_N z^{-N}}$$

$$= \frac{\sum\limits_{m=0}^{M} b_m z^{-m}}{1 + \sum\limits_{r=1}^{N} a_r z^{-r}} = b_0 \frac{\prod\limits_{m=1}^{M}(1 - c_m z^{-1})}{\prod\limits_{r=1}^{N}(1 - d_r z^{-1})}$$

它从数学上简洁地表示系统的输出和输入的 z 变换关系。从计算机的角度考虑,系统函数便是滤波器的计算方法。根据延时性质,多项式或因式中的复变量 z^{-1} 表示信号延时一个单位时序,或者延时一个采样周期。因式 $(1 - c_m z^{-1})$ 或 $1/(1 - d_r z^{-1})$ 可以看作是一个独立的系统单元或子系统,可以灵活地应用它们进行级联或并联,组成复杂的系统。

例如,有一个系统函数:

$$H(z) = \frac{1 - z^{-1}}{1 - 0.5 z^{-1}} (\mid z \mid > 0.5)$$

如果设它的子系统为 $H_1(z) = 1 - z^{-1}$ 和 $H_2(z) = 1/(1 - 0.5 z^{-1})$,则 $H(z)$ 可以写成

$$H(z) = H_1(z)H_2(z) = H_2(z)H_1(z)$$

这种相乘结构叫作级联(cascade)或串联。理论上,子系统级联的先后位置是任意的,对系统的性能没有影响。实际上,因为计算机的数字位数有限,以及计算存在误差,所以子系统级联的先后位置将对计算结果产生影响。

如果子系统为 $H_1(z) = 2$ 和 $H_2(z) = -1/(1 - 0.5 z^{-1})$,则 $H(z)$ 可以写成

$$H(z) = H_1(z) + H_2(z) = H_2(z) + H_1(z)$$

这种相加结构叫作并联,它的子系统位置不影响计算结果。系统函数具有符号简洁、概括性强的优点。

2. 频率响应

系统的频率响应(frequency response)的表达式如下:

$$H(\omega) = \frac{Y(\omega)}{X(\omega)} = \sum_{n=0}^{\infty} h(n) \mathrm{e}^{-\mathrm{j}\omega n} = H(z) \mid_{z = \mathrm{e}^{\mathrm{j}\omega}}$$

它表示系统的输出频谱 $Y(\omega)$ 和输入频谱 $X(\omega)$ 之比,体现了系统具有调节频谱的能力,这

也是人们把系统叫作滤波器的原因。$H(\omega)$ 的优点是可以用来直接计算滤波器的频谱。将系统函数 $H(z)$ 的自变量 z 用 $e^{j\omega}$ 代替就可以得到系统的频率响应。

例如，系统函数：

$$H(z) = \frac{5 + 2z^{-1}}{1 - 0.4z^{-1}}(\mid z \mid > 0.4)$$

如果想知道系统的频率响应，将 $z = e^{j\omega}$ 代入，就可以得到

$$H(\omega) = H(z) \mid_{z = e^{j\omega}} = \frac{5 + 2e^{-j\omega}}{1 - 0.4e^{-j\omega}} = \frac{5(1 + 0.4e^{-j\omega})}{1 - 0.4e^{-j\omega}}$$

它就是该系统的频率响应。应用恒等式：

$$\mid 1 + ae^{-j\omega} \mid = \sqrt{1 + 2a\cos\omega + a^2}(a\ 是实数)$$

可以得到系统式的幅度响应（magnitude response）：

$$\mid H(\omega) \mid = \frac{5\sqrt{1 + 0.8a\cos\omega + 0.16}}{\sqrt{1 - 0.8a\cos\omega + 0.16}}$$

依此就可以画出系统函数式的幅度特性曲线，如图 3-7 所示。频率响应直观地表现出系统加工信号的频谱变化情况，也就是滤波器提升和降低信号成分的规律，这对设计滤波器有指导意义。

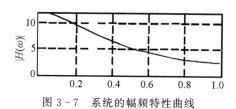

图 3-7　系统的幅频特性曲线

3．差分方程

差分方程的表达式为

$$y(n) = \sum_{m=0}^{M} b_m x(n-m) - \sum_{r=1}^{N} a_r y(n-r)$$

它直接表示系统输出和输入的时间关系，其中包括它们各自的延时分量，与时序 n 相减的部分表示信号的延时量。从系统函数很容易得到差分方程，只要展开系统函数式的多项式，即

$$(1 + a_1 z^{-1} + \cdots + a_N z^{-N})Y(z) = (b_0 + b_1 z^{-1} + \cdots + b_M z^{-M})X(z)$$

并对它进行 z 反变换就可以得到差分方程式。

例如，系统函数式：

$$H(z) = \frac{1 - z^{-1}}{1 - 0.5z^{-1}}(\mid z \mid > 0.5)$$

其差分方程为

$$y(n) = 5x(n) + 2x(n-1) + 0.4y(n-1)$$

它直接反映了计算信号的时间流程，因此可以对它直接进行编程。

4．单位脉冲响应

单位脉冲响应的表达式为

$$h(n) = T[\delta(n)] = \text{IZT}[H(z)]$$

它能反映系统在零状态下输入单位脉冲序列的输出。

例如,系统函数式:

$$H(z) = \frac{1 - z^{-1}}{1 - 0.5z^{-1}} \quad (|z| > 0.5)$$

其脉冲响应是

$$
\begin{aligned}
h(n) &= \text{IZT}\left[\frac{5 + 2z^{-1}}{1 - 0.4z^{-1}}\right] \\
&= \text{IZT}\left[-5 + \frac{10}{1 - 0.4z^{-1}}\right] \\
&= -5\delta(n) + 10 \times 0.4^n u(n)
\end{aligned}
$$

它的变化规律如图 3-8 所示,当 $n > 5$ 时,$h(n)$ 近乎为零。换句话说,$h(n)$ 可以近似看

作是有限长的,这种观点对实际应用来说是很重要的。

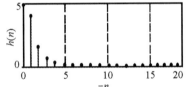

实际上,脉冲响应是一种反映系统变化的序列,可以反映事物变化的特征。通过对实际事物进行测量,比如音乐厅、人的声道等,可以近似地获取它们的特征数据,然后用计算机设计出具有这种性能的系统。

图 3-8　单位脉冲响应的波形

5. 卷积

卷积的表达式为

$$y(n) = x(n) * h(n) = \sum_{i=-\infty}^{\infty} x(i)h(n-i) = h(n) * x(n) = \sum_{i=-\infty}^{\infty} h(i)x(n-i)$$

其中,$x(n)$ 和 $h(n)$ 的位置可以互换。这个数学公式说明,只要设计出系统的单位脉冲响应 $h(n)$,就可以按照上式计算系统处理激励信号 $x(n)$ 的结果 $y(n)$。

6. 零极点图

零极点图是一种简单快捷地描述系统特性的方法,它利用系统函数在 z 平面上的零极点的几何位置以及矢量的特点,勾画系统的频率特性。如果想要快速了解滤波器的频率特性,只要将系统函数变成零点矢量除以极点矢量的形式,即

$$H(z) = b_0 \frac{\prod\limits_{m=1}^{M}(1 - c_m z^{-1})}{\prod\limits_{r=1}^{N}(1 - d_r z^{-1})} = b_0 z^{(N-M)} \frac{\prod\limits_{m=1}^{M}(z - c_m)}{\prod\limits_{r=1}^{N}(z - d_r)} \quad (\text{让 } z \text{ 在单位圆上})$$

就可以看到幅频特性等于零点矢量的长度积除以极点矢量的长度积,相频特性等于零点矢量的相角和减去极点矢量的相角和。

例如,系统函数式:

$$H(z) = \frac{1 - z^{-1}}{1 - 0.5z^{-1}} \quad (\,|\,z\,|\, > 0.5)$$

它的零极点表达式:

$$H(z) = 5 \times \frac{1 + 0.4z^{-1}}{1 - 0.4z^{-1}} = 5 \times \frac{z + 0.4}{z - 0.4} \quad (\text{让 } z = e^{j\omega})$$

它的零极点几何位置如图 3-9 所示,○代表零点,×表示极点。如果想快速了解该系统的滤波幅频特性,就依据它的幅度公式:

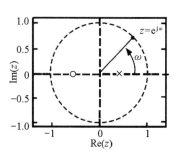

$$|\,H(\omega)\,| = 5 \times \left|\frac{z + 0.4}{z - 0.4}\right| \quad (\text{令 } z = e^{j\omega})$$

画出波峰点和波谷点,如:

$$\text{波峰}\,|\,H(0)\,| = \frac{5 \times |\,1 + 0.4\,|}{|\,1 - 0.4\,|} \approx 11.7;$$

图 3-9 系统函数的零极点几何位置

$$\text{波谷}\,|\,H(\pi)\,| = \frac{5 \times |\,-1 + 0.4\,|}{|\,-1 - 0.4\,|} \approx 2.1.$$

如图 3-10(a)所示,先画出一两个容易计算的点,比如$|\,H(\pi/2)\,| = 5$,然后用光滑的曲线连接它们。如果想了解该系统的相频特性,就用它的相位公式:

$$\arg[\,H(\omega)\,] = \arg(z + 0.4) - \arg(z - 0.4) \quad (\text{令 } z = e^{j\omega})$$

画出几个容易计算的点,然后用光滑的曲线连接它们,如图 3.10(b)所示。

反过来说,只要按照技术指标,根据零点产生波谷和极点产生波峰的特点,设置零极点的几何位置,就可以获得符合要求的滤波器。

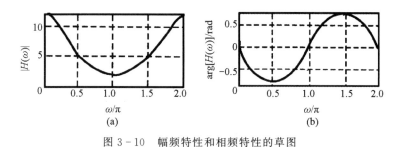

图 3-10 幅频特性和相频特性的草图

7. 框图

框图也叫方框图,它用基本构件描述系统的输入输出运算关系。数字信号处理的基本构件有加法器、乘法器和延时器,它们也用简单的几何形状表示。

一个滤波器可以有多种框图,这些框图取决于系统函数或输入输出方程的结构,每一种结构对应一种样本处理算法。例如系统函数:

$$H(z) = \frac{5 + 2z^{-1}}{1 - 0.4z^{-1}} = -5 + \frac{10}{1 - 0.4z^{-1}}$$

它的第一种系统函数结构对应的输入输出差分方程为

$$y(n) = 5x(n) + 2x(n-1) + 0.4y(n-1)$$

对应第二种系统函数结构的差分方程为

$$\begin{cases} y_1(n) = -5x(n) \\ y_2(n) = 10x(n) + 0.4y_2(n-1) \\ y(n) = y_1(n) + y_2(n) \end{cases}$$

实现这两种结构的框图如图 3-11 所示。两种框图在数学上是等价的,但实际运算结果是有差别的。

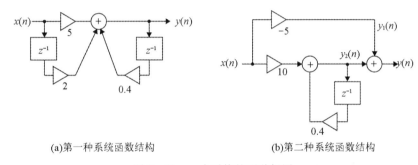

(a)第一种系统函数结构　　　　　　　　　(b)第二种系统函数结构

图 3-11　一个系统的两种框图

框图的优点是能够直观地表示滤波器处理信号的计算过程。

8. 算法

算法是指计算数学的方法。数字信号处理的算法是指计算机处理样本的算法,它用符号简单地表示计算机的运算过程。其基本思想是逐个样本的处理,以及实时处理连续滤波器的数字信号。

例如,为了实现差分方程式:

$$y(n) = 5x(n) + 2x(n-1) + 0.4y(n-1)$$

对应的样本处理算法是

$$\begin{cases} v_0 = x(输入样本) \\ \omega_0 = 5v_0 + 2v_1 + 0.4\omega_1(处理信号) \\ y = \omega_0(输出样本) \\ v_1 = v_0, \omega_1 = \omega_0(更新变量) \end{cases}$$

按照这个顺序编写计算机程序,就可以实现这种数字滤波。

样本处理的算法与差分方程的关系非常密切,与框图的关系也很紧密。当系统比较复杂时,采用框图来描述计算关系会显得比较笨拙,若采用信号流图则比较简洁。

9. 信号流图

信号流图简称流图,它用点和线段来描述系统的信号关系。信号流图的意义和框图的

意义是一样的,只是标记的方法略有区别;信号流图用点来表示加法运算(或加法器),用箭头分别表示放大信号(或放大器)和延时信号(或延时器)。

例如,差分方程式 $y(n)=5x(n)+2x(n-1)+0.4y(n-1)$ 和

$$\begin{cases} y_1(n) = -5x(n) \\ y_2(n) = 10x(n) + 0.4y_2(n-1) \\ y(n) = y_1(n) + y_2(n) \end{cases}$$

的信号流图如图 3-12 所示,它们比图 3-11 所示的框图更简洁。

信号流图是编写滤波器的依据。简化信号流图的结构,就能减少滤波器(或计算机)的计算量。

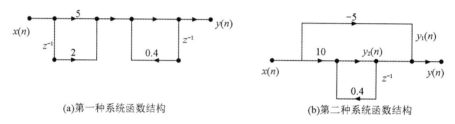

(a)第一种系统函数结构   (b)第二种系统函数结构

图 3-12 两种差分方程的信号流程

3.1.4 信号流图和系统函数

信号流图的点叫作节点,节点既表示系统的状态变量,又表示对进入节点的信号进行相加;而有方向的线段叫作支路,支路的箭头表示信号的流向和加权。加权值写在箭头旁边,加权值是 1 的时候可以不写。

完整的信号流图有两个特殊的节点——源点和终点。源点是没有输入支路的节点,代表系统的输入端;终点是没有输出支路的节点,代表系统的输出端。如图 3-13 所示是一个完整的信号流图,它有 4 个节点。在计算机中,每一个节点代表一个存储器或者加法运算,每条支路则代表一次乘法或延时计算。信号流图不但可以显示系统的运算顺序,还可以显示乘法和加法的次数、信号的延时、存储器的数量等内容,是简化系统结构的有力工具。

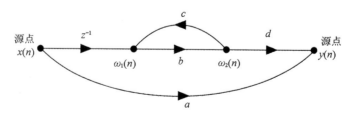

图 3-13 完整的信号流图

对于简单的信号流图,通过观察就能写出它的系统差分方程或系统函数。如图 3-13 所示,它的差分方程比较容易写出来,通过观察就能直接得到:

$$\begin{cases} \omega_1(n) = x(n-1) + c\omega_2(n)（节点变量等于进入节点的信号之和）\\ \omega_2(n) = b\omega_1(n) \\ y(n) = ax(n) + d\omega_2(n) \end{cases}$$

而直接写出它的系统函数就不那么容易,它的系统函数是

$$H(z) = a + \frac{bd}{1-bc}z^{-1}$$

对于复杂的信号流图,通过观察写出它的方程式是不容易的,这样做的工作量很大。利用梅森公式(Mason Formula)就能够解决这个问题。梅森公式的定义为:

信号流图的系统函数

$$H(z) = \frac{\sum T_k \Delta_k}{\Delta}（符号 \sum 表示所有符合条件的项目之和）$$

梅森公式的 T_k 是第 k 条前向通路的增益,也就是从源点到终点的每段支路的加权值的乘积;Δ 是流图的特征式:

$$\Delta = 1 - \sum L_a + \sum L_b L_c - \sum L_d L_e L_f + \cdots$$

式中:$\sum L_a$ 等于所有回路增益 L_a 之和,回路是沿着箭头的方向能够回到出发点的闭合通路;$\sum L_b L_c$ 等于所有两个无接触(没有共用节点和支路)的回路增益乘积之和;$\sum L_d L_e L_f$ 等于所有三个无接触的回路增益乘积之和;Δk 是第 k 条前向通路的特征式的余因子,也就是消除与第 k 条前向通路接触的回路后剩下的特征式。

例 3-1 正弦波发生器的信号流图如图 3-14 所示,源点和终点是 $x(n)$ 和 $y(n)$。请分别采用直接观察法和梅森公式法写出该系统的输入输出差分方程和系统函数。

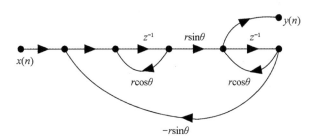

图 3-14 正弦波发生器的信号流图

解 (1)直接观察法

为了方便得到输入和输出的关系,给信号流图添加节点变量符 $\omega_1(n) \sim \omega_4(n)$,如图 3-15所示。推导信号流图的方程,可以从时域 n 入手,也可以从复数域 z 入手。首先按

照源点到终点的顺序,列出该信号流图的方程组:

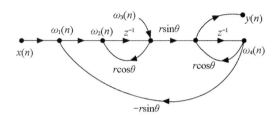

图 3-15　添加节点变量的信号流图

$$\begin{cases} w_1 = x - r\sin\theta w_4 & ① \\ w_2 = w_1 + r\cos\theta w_3 & ② \\ w_3 = z^{-1}w_2 & ③ \\ y = r\sin\theta w_3 + r\cos\theta w_4 & ④ \\ y_4 = z^{-1}y & ⑤ \end{cases} \qquad (省略自变量)$$

然后解方程组,其顺序是:⑤ → ④ 得 ⑥,⑤ → ① 得 ⑦,⑦ → ② 得 ⑧,⑧ → ③ 得 ⑨,⑨ → ⑥ 得

$$H(z) = \frac{y(z)}{x(z)} = \frac{r\sin\theta z^{-1}}{1 - 2r\cos\theta z^{-1} + r^2 z^{-2}}$$

根据符号 z^{-1} 表示延时一个单位,对上式求反 z 变换,就能得到该系统的输入输出差分方程:

$$y(n) - 2r\cos\theta y(n-1) + r^2 y(n-2) = r\sin\theta x(n-1)$$

（2）梅森公式法

如图 3-15 所示的闭合回路有三个,其中两个是不接触的。按照梅森公式,该信号流图的特征式:

$$\Delta = 1 - (r\cos\theta z^{-1} + r\cos\theta z^{-1} - r^2\sin^2\theta z^{-2}) + (r^2\cos^2\theta z^{-2})$$
$$= 1 - 2r\cos\theta z^{-1} + r^2 z^{-2}$$

从源点到终点的前向通路只有一条,它的通路增益 $T_1 = r\sin\theta z^{-1}$。由于三个回路都与这条前向通路接触,所以这条前向通路的特征式余因子 $\Delta_1 = 1$。按照梅森公式计算,该信号流图的系统函数:

$$H(z) = \frac{\sum T_k \Delta_k}{\Delta} = \frac{r\sin\theta z^{-1}}{1 - 2r\cos\theta z^{-1} + r^2 z^{-2}}$$

这和直接观察法的结果相同。

3.2　数字滤波器的结构

数字滤波器一般分为两大类:一类是无限长脉冲响应滤波器(infinite impulse response

filter),简称无限脉冲响应滤波器或 IIR 滤波器;另一类是有限长脉冲响应滤波器(finite impulse response filter),简称有限脉冲响应滤波器或 FIR 滤波器。

数字滤波器的表达方式很多,其中差分方程与实现滤波器的关系最紧密,其次是信号流图,这些表达方式构成的数字滤波运算关系叫作滤波器的结构。

数字滤波器处理信号的实质是计算机按滤波器的运算程序反复地计算样本。由于 IIR 滤波器和 FIR 滤波器的性质不同,它们的计算方法各有千秋。为了经济、快速地解决设计问题,应该了解滤波器的基本结构,也就是信号流图的网络结构。这样才容易寻找出各种解决问题的方法,并从中选择符合实际情况的最佳方法。

3.2.1 无限脉冲响应滤波器的结构

IIR 滤波器有三种基本结构:直接型、级联型和并联型。为了方便讨论信号流图的网络结构,这里暂时令 IIR 滤波器差分方程式输入、输出的延时量相等,即 $M=N$,那么其系统的输出为

$$y(n) = \sum_{m=0}^{N} b_m x(n-m) - \sum_{r=1}^{N} a_r(n-r) \qquad (N \geqslant 1)$$

下面根据这个差分方程来研究直接型、级联型和并联型的信号流图结构。

1. 直接型

直接型结构是按差分方程的延时、加权和相加的含义直接画出来的信号流图,它的特点是根据信号流图的基本含义可以直接写出系统的输入输出差分方程。例如上式的 $N=3$,它的差分方程是

$$y(n) = b_0 x(n) + b_1 x(n-1) + b_2 x(n-2) + b_3 x(n-3)$$
$$- a_1(n-1) - a_2(n-2) - a_3(n-3)$$

它的系统函数是

$$H(z) = \frac{b_0 + b_1 z^{-1} + b_2 z^{-2} + b_3 z^{-3}}{1 + a_1 z^{-1} + a_2 z^{-2} + a_3 z^{-3}}$$

按照差分方程式来画信号流图是件容易的事。如图 3-16 所示,它的输出是输入分量和反馈分量的组合,非常直观。从图 3-16 可以直接写出系统的差分方程。这种直接型叫作直接 1 型(direct form I),它的优点是直观,缺点是延时运算的环节太多。为什么说直接 1 型的延时环节太多呢?这是相对于直接 2 型而言的。

直接 2 型(direct form Ⅱ)是这么来的:运用串联电路的元件可以互换位置的原理,将直接 1 型的向前流动的非递归项和向后流动的递归项互换位置,然后合并它们的相同部分,就可以形成直接 2 型。直接 2 型也叫标准型,意思是这种结构的延时数量与系统函数的阶

数相等。

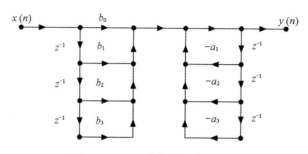

图 3-16　IIR 滤波器的直接 1 型

以如图 3-16 所示的直接 1 型为例,它的非递归项和递归项互换位置后如图 3-17(a)所示,节点变量 $c=d$,并且 c 和 d 的垂线部分相同,相同则可以合并,得到图 3-17(b),这就是直接 2 型结构。

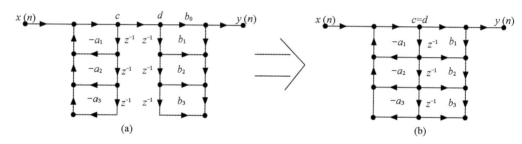

图 3-17　直接 1 型演变成直接 2 型

比较直接 1 型和直接 2 型可以发现,前者比后者直观,而后者的延时单元数量减少一半。这说明,直接 2 型可以提高计算机的工作效率。出于这个原因,直接 2 型的 1 结构和 2 结构是后面讨论的滤波器的基本模块。

直接型的优点是容易由信号流写出滤波器的程序;缺点是调整信号流图中的任何一个参数都可能影响系统函数的所有零点或极点,导致系统的整体性能改变。

例 3-2　请对比二阶 IIR 滤波器的直接 1 型和直接 2 型的计算机算法。

解　该二阶 IIR 滤波器的系统函数是

$$H(z) = \frac{Y(z)}{X(z)} = \frac{b_0 + b_1 z^{-1} + b_2 z^{-2}}{1 + a_1 z^{-1} + a_2 z^{-2}}$$

它的输入输出差分方程是

$$y(n) = b_0 x(n) + b_1 x(n-1) + b_2 x(n-2) - a_1 y(n-1) - a_2 y(n-2)$$

(1) 直接型

如图 3-18 所示是按照式子画出的直接 1 型的信号流图。为了得到它的逐个样本处理的算法,这里引入滤波器的内部状态 $u_1(n)$、$u_2(n)$、$w_1(n)$ 和 $w_2(n)$,它们的位置如图 3-18

所示。内部状态代表延时的样本,它们随着时序 $n \sim n+1$ 的发展而更新。这么安排后,二阶 IIR 滤波器的直接 1 型的算法如下:

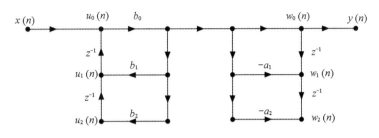

图 3-18 直接 1 型的信号流图

$$
\begin{cases}
u_0(n) = x(n) \quad (\text{输入样本}) \\
w_0(n) = b_0 u_0(n) + b_1 u_1(n) + b_2 u_2(n) - a_1 w_1(n) - a_2 w_2(n) \quad (\text{处理样本}) \\
y(n) = w_0(n) \quad (\text{输出样本}) \\
u_2(n+1) = u_1(n) \quad (\text{更新内部状态}) \\
u_1(n+1) = u_0(n) \quad (\text{更新内部状态}) \\
w_2(n+1) = w_1(n) \quad (\text{更新内部状态}) \\
w_1(n+1) = w_0(n) \quad (\text{更新内部状态})
\end{cases}
$$

式中:时序 n 是为了方便观看而写上去的。真正编写计算机程序时,不需要写出这些时序。比如上式可以用下面的算法代替:

$$
\begin{cases}
u_0 = x \quad (\text{输入样本}) \\
w_0 = b_0 u_0 + b_1 u_1 + b_2 u_2 - a_1 w_1 - a_2 w_2 \quad (\text{处理样本}) \\
u_2 = u_1 \quad (\text{更新状态变量}) \\
u_1 = u_0 \quad (\text{更新状态变量}) \\
w_2 = w_1 \quad (\text{更新状态变量}) \\
w_1 = w_0 \quad (\text{更新状态变量})
\end{cases}
$$

计算机将依照这个算法反复地处理输入的样本。在处理第一个样本前,即 $n=0$ 时,内部状态初始化,将它们设置为 0,即

$$[u_1, u_2] = [0, 0], \quad [w_1, w_2] = [0, 0]$$

可以看到状态更新的顺序是反向的,是按照状态变量的下标从大到小执行的。

(2)直接 2 型

调换直接 1 型的非递归项和递归项的前后位置,得到图 3-19,它就是直接 2 型。为了写出直接 2 型的样本处理算法,这里引入滤波器的内部状态 $w_1(n)$ 和 $w_2(n)$,它们为前向部分和后向部分所共有。按照图 3-19 写出直接 2 型的算法如下:

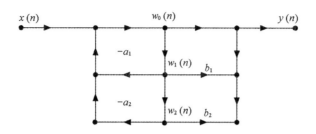

图 3-19　直接 2 型的信号流图

$$
\begin{cases}
w_0(n) = x(n) - a_1 w_1(n) - a_2 w_2(n) & \text{（后向的结果）}\\
y(n) = b_0 w_0(n) + b_1 w_1(n) + b_2 w_2(n) & \text{（前向的结果）}\\
w_2(n+1) = w_1(n) & \text{（更新状态）}\\
w_1(n+1) = w_0(n) & \text{（更新状态）}
\end{cases}
$$

省略时序符号 n 后,处理样本的算法将变为

$$
\begin{cases}
w_0 = x - a_1 w_1 - a_2 w_2 & \text{（后向处理）}\\
y = b_0 w_0 + b_1 w_1 + b_2 w_2 & \text{（前后处理）}\\
w_2 = w_1 & \text{（为下轮处理做准备）}\\
w_1 = w_0 & \text{（为下轮处理做准备）}
\end{cases}
$$

上式在处理第一样本之前,内部状态必须初始化,即

$$
[\omega_1, \omega_2] = [0, 0]
$$

比较(1)和(2)的算法,直接 2 型和直接 1 型的最大区别是:直接 2 型的内部状态比直接 1 型的少一半。在计算机中,这意味着节省一半的存储器数量。

2. 级联型

级联型是多个子系统串联得到的网络结构,如图 3-20 所示。子系统是指比较简单的网络结构,或简练的、常用的算法,比如一阶的或二阶的直接 2 型 IIR 滤波器;当然,子系统也可以是其他的结构。选择什么结构作为子系统,应根据实际情况和要求来决定。

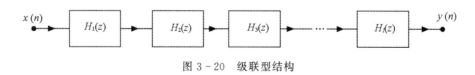

图 3-20　级联型结构

从图 3-20 来看,级联的系统函数为

$$
H(z) = H_1(z) H_2(z) H_3(z) \cdots H_I(z)
$$

它是多个子系统 $H_i(z)$ 的乘积,$i = 1 \sim I$。从数学上看,调换这些子系统的前后位置,对系统函数 $H(z)$ 来说都是等价的,但在计算机中这么做是有差别的。

本书所介绍的系统函数,它们的分子和分母多项式的系数都是实数,因为系数是实数的差分方程比系数是复数的差分方程的运算简单。对实数系数的系统,它们的系统函数都可以因式分解为一阶系统的乘积,如

$$H(z) = \frac{\sum\limits_{m=0}^{N} b_m z^{-m}}{1 + \sum\limits_{r=1}^{N} a_r z^{-r}} = \prod_{i=1}^{I} H_i(z) = b_0 \prod_{i=1}^{I} \frac{1 - c_i z^{-1}}{1 - d_i z^{-1}}$$

注意,b_0 可以单独存在,也可以融入某一阶系统中。分子的一阶因式和分母的一阶因式的搭配方式有许多种,在设计滤波器时,最好用比较相近的零点和极点的因式组成一阶子系统。这么做的好处是防止经过该子系统的信号的数值超过计算机正确表达的数值范围。

一阶子系统也叫一阶节(first-order section),作为级联型的子系统,它的零点和极点必须都是实数,因为复数会增加计算机的运算量。

如果零点和极点都是复数时,选择二阶系统作为最简单的子系统是比较明智的,只要用共轭零点和共轭极点,就能组成多项式系数是实数的二阶系统。这么做的理由是:系统函数的分子分母多项式的系数都是实数,所以它们的多项式的复数根都是共轭成对出现的;反过来说就是,只有复数根共轭搭配才能保证多项式的系数是实数。

例如,有两个共轭零点 $c_1 = r\mathrm{e}^{\mathrm{j}\theta}$ 和 $c_2 = c_1{}^* = r\mathrm{e}^{-\mathrm{j}\theta}$,它们的一阶因式 $(1 - c_1 z^{-1})$ 和 $(1 - c_2 z^{-1})$ 组成的二阶因式是

$$
\begin{aligned}
(1 - c_1 z^{-1})(1 - c_2 z^{-1}) &= 1 - (c_1 + c_2)z^{-1} + c_1 c_2 z^{-2} \\
&= 1 - (r\mathrm{e}^{\mathrm{j}\theta} + r\mathrm{e}^{-\mathrm{j}\theta})z^{-1} + r\mathrm{e}^{\mathrm{j}\theta} r\mathrm{e}^{-\mathrm{j}\theta} z^{-2} \\
&= 1 - 2r\cos(\theta)z^{-1} + r^2 z^{-2}
\end{aligned}
$$

是实数系数的二阶多项式。

二阶子系统也叫二阶节(second-order section),当它作为级联型的子系统时,系统函数

$$H(z) = \prod_{i=1}^{I} H_i(z) = \prod_{i=1}^{I} \frac{b_{i0} + b_{i1} z^{-1} + b_{i2} z^{-2}}{1 + a_{i1} z^{-1} + a_{i2} z^{-2}}$$

二阶的多项式允许用实数根组成。如果系统函数式有奇数个零点和极点,则有一个二阶节的 z^{-2} 的系数为零。

级联型的二阶多项式的组合方式有很多种,为了提高计算精度并防止溢出,应该安排系数相近的分子分母多项式组成二阶节。级联型的优点是各子系统 $H_i(z)$ 之间的零极点互不影响,这给调整滤波器的零极点或程序的参数带来极大的方便;缺点是求解零比较复杂。

例 3 - 3 设某 IIR 滤波器的系统函数为

$$H(z) = \frac{2 - 2.3z^{-1} + 2.3z^{-2} - 0.3z^{-3}}{1 - 1.5z^{-1} + z^{-2} - 0.25z^{-3}}$$

请画出它的级联型信号流图,要求选择运算量小的网络结构。

解 该系统 $H(z)$ 的分子有一个实数根 $c_1 = 0.15$ 和两个共轭复数根 $c_2 = 0.15 + j0.866$, $c_3 = 0.15 - j0.866$,分母有一个实数根 $d_1 = 0.5$ 和两个共轭复数根 $d_2 = 0.5 + j0.5$, $d_3 = 0.5 - j0.5$。根据这些零极点对 $H(z)$ 进行因式分解,得到

$$H(z) = \frac{2(1 - 0.15z^{-1})(1 - z^{-1} + z^{-2})}{(1 - 0.5z^{-1})(1 - z^{-1} + 0.5z^{-2})} = \frac{(2 - 0.3z^{-1})(1 - z^{-1} + z^{-2})}{(1 - 0.5z^{-1})(1 - z^{-1} + 0.5z^{-2})}$$

考虑分子分母的因式搭配和子系统的前后位置,该系统的级联方式共有四种。运算量小的级联型一阶因式组成一个子系统,二阶因式组成一个子系统,如图 3 - 21 所示。至于谁在前面,理论上是随意的,不过,增益小的子系统在前面能较好地防止信号溢出。

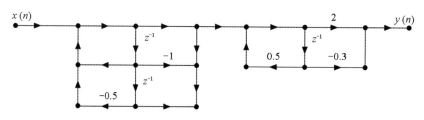

图 3 - 21   二阶节在前面的级联型

3. 并联型

并联型的网络结构采用多个子系统并排连接而成。如图 3 - 22 所示,它的系统函数为

$$H(z) = H_1(z) + H_2(z) + H_3(z) + \cdots + H_I(z)$$

它是多个子系统 $H_i(z)$ 的相加,下标的 i 的范围是 $1 \sim I$。

若令系统函数式的分子分母多项式的阶相等,即 $M = N$。那么,运用长除法,并联型的系统函数可以变成零阶子系统和二阶子系统的相加,即

$$H(z) = \frac{b_0 + b_1 z^{-1} + b_2 z^{-2} + \cdots + b_N z^{-N}}{1 + a_1 z^{-1} + a_2 z^{-2} + \cdots + a_N z^{-N}}$$

$$= \frac{b_N}{a_N} + \sum_{i=2}^{I} \frac{c_{i0} + c_{i1} z^{-1}}{1 + d_{i1} z^{-1} + d_{i2} z^{-2}}$$

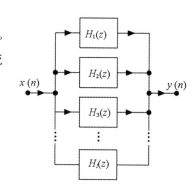

图 3 - 22   并联型结构

分离出 b_N/a_N 的目的是使分子的阶低于分母的阶。这样的好处是:相对于分子分母同阶的二阶节来说,上式的二阶节少一次乘法和一次加法,当极点有奇数个实数根时,上式有一阶节。

并联型的优点是并联的子系统可以同时工作。比如,用 I 个处理器充当子系统,这样就

可以提高整个系统的运算速度。

例 3 - 4 假设某 IIR 滤波器的系统函数如下：

$$H(z) = \frac{2 - 2.3z^{-1} + 2.3z^{-2} - 0.3z^{-3}}{1 - 1.5z^{-1} + z^{-2} - 0.25z^{-3}}$$

为了提高信号滤波时的计算速度,需要将系统结构规划为并联型。请画出它的并联型信号流图。

解 先用 $H(z)$ 的分母除分子,然后将剩余的分式展开成实数系数的部分分式形式。这个过程如下：

$$H(z) = 1.2 + \frac{0.8 - 0.5z^{-1} + 1.1z^{-2}}{1 - 1.5z^{-1} + z^{-2} - 0.25z^{-3}}$$

$$= 1.2 + \frac{4.2}{1 - 0.5z^{-1}} + \frac{-3.4 + 2z^{-1}}{1 - z^{-1} + 0.5z^{-2}}$$

该系统函数的分母有一个实数根 $d_1 = 0.5$ 和一对共轭复数根 $d_2 = 0.5 + j0.5$, $d_3 = 0.5 - j0.5$。画出该系统的并联型结构,如图 3 - 23 所示。

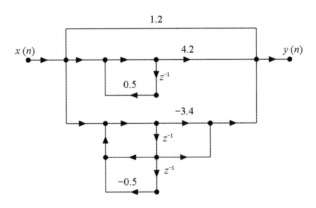

图 3 - 23 三个子系统的并联

3.2.2 有限脉冲响应滤波器的结构

FIR 滤波器与 IIR 滤波器有相同之处,也有不同之处。相同之处是,它们的输出都与输入有关;不同之处是,FIR 滤波器的输出与之前的输出无关,而 IIR 滤波器的输出与之前的输出有关。两者的结构也有这种特点。下面,通过 FIR 滤波器的三种典型结构,即直接型、级联型和线性相位型,来认识 FIR 滤波器的结构。

1. 直接型

FIR 滤波器的差分方程是

$$y(n) = \sum_{m=0}^{M} b_m x(n-m) \qquad (M \geqslant 0)$$

它是有限脉冲响应系统的脉冲响应 $h(n)$ 与输入信号 $x(n)$ 的卷积。在这种情况下，FIR 滤波器的直接型和 IIR 滤波器的直接型似乎相同，不分直接 1 型和直接 2 型，如图 3-24 所示。如果将它画成竖直状，那么它就与 IIR 滤波器的直接型完全一样了。

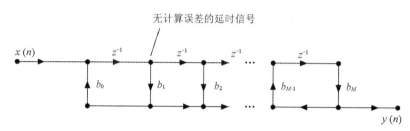

图 3-24　FIR 滤波器的直接型

由于延时元素 z^{-1} 的链条横贯图形的上方，每个延时端点都有一个分支或抽头信号被系统 b_m 加权，它们最后相加得到输出 $y(n)$，所以这种结构也叫作抽头延时线或横向滤波器。

合理地改变信号流图的形状，可以获得其他等价的滤波器。获得其他等价算法的最简单的是采用转置的办法，即将信号流图逆转。在数学意义上，转置的信号流图与原来的信号流图是等价的。具体方法如下：

（1）颠倒所有支路的方向，支路旁的参数和符号不变。

（2）调换源点与终点的位置。

如图 3-24 所示结构转置后如图 3-25 所示，如果习惯信号从左向右流动，对图 3-25 稍作调整就可以得到喜欢的转置结构，如图 3-26 所示。虽然转置结构也执行相同的差分方程，但它引出的程序完全不同，因为图 3-26 的每个环节的计算结果都是后续环节的输入，容易造成计算误差的堆积。

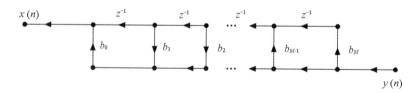

图 3-25　FIR 滤波器的另一种直接型

2. 级联型

FIR 滤波器的系统函数：

$$H(z) = \frac{Y(z)}{X(z)} = \sum_{m=0}^{M} b_m z^{-m} \ (M \geqslant 0)$$

对它的多项式因式分解，可以得到因式相乘的系统函数：

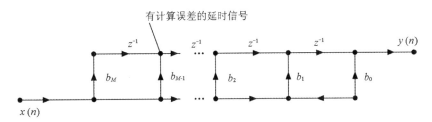

图 3 - 26　信号从左到右流动

$$H(z) = \sum_{m=0}^{M} b_m z^{-m} = \prod_{i=1}^{I} (b_{i0} + b_{i1} z^{-1} + b_{i2} z^{-2})$$

根据上式可以画出该 FIR 滤波器的级联型信号流图,如图 3 - 27 所示。式中的二阶因式也可以分解为一阶的,这里统一写成二阶的形式是为了美观和方便介绍。

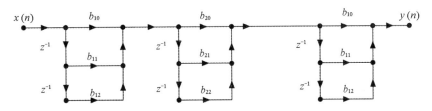

图 3 - 27　FIR 滤波器的级联型

从图 3 - 27 可以看出,二阶节之间互相独立。在实现级联型的滤波器时,可以放心地调整每个二阶节的系数或零点,而不必担心这些调整会影响其他二阶节的性能。

3. 线性相位型

在许多应用中,如图像加工、数据传输等,要求数字滤波器是线性相位的。FIR 滤波器的系数 b_m 等价于单位脉冲响应 h_m,它有两种通用的线性相位滤波器,它们的脉冲响应要么满足偶对称关系:

$$h(M-m) = h(m) \qquad (m = 0, 1, \cdots, M)$$

要么满足奇对称关系:

$$h(M-m) = -h(m) \qquad (m = 0, 1, \cdots, M)$$

利用这种对称性的滤波器结构叫作线性相位型。线性相位型滤波器的乘法次数比直接型的少一半,为什么呢?

例如,9 点长的偶对称脉冲响应,它输入输出的卷积关系如下:

$$\begin{aligned}
y(n) &= \sum_{m=0}^{8} h(m) x(n-m) \\
&= h(0)x(n) + h(1)x(n-1) + h(2)x(n-2) + h(3)x(n-3) + h(4)x(n-4) + \\
&\quad h(5)x(n-5) + h(6)x(n-6) + h(7)x(n-7) + h(8)x(n-8)
\end{aligned}$$

如果采用直接型结构,它需要 9 次乘法。如果采用线性相位型,如图 3 - 28 所示,它只需要 5 次乘法。利用偶对称关系式获得的好处是偶对称的系数是 $h(0) = h(8)$、$h(1) = h(7)$ 等,节省了 4 个乘法器(或 4 次乘法)。这种线性相位结构的特点是:上面的 4 个抽头信号 $h(n-m)$ 和下面的 4 个抽头信号 $x(n-8+m)$ 共用系数 h_m($m = 0 \sim 3$),它们的运算形式如下:

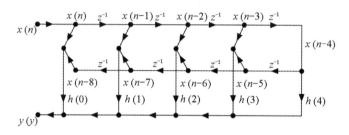

图 3 - 28　长 9 点的偶对称线性相位结构

$$h(m)[x(n-m)+x(n-8+m)] \qquad (m = 0 \sim 3)$$

这种加乘运算在数字信号处理中使用非常多,许多 DSP 芯片都集成了这种运算功能,只用一条指令就能在芯片的一个时钟周期内完成这种运算。在图 3 - 28 中,系数 h_4 只与一个延时分量 $x(n-4)$ 相乘,这是长度为奇数时的特点。

如果是 8 点长的偶对称脉冲响应,它的直接型需要 8 个乘法器;而它的线性相位结构如图 3 - 29 所示,每个乘法器的输入都是 2 个信号之和,整个系统只需要 4 个乘法器。

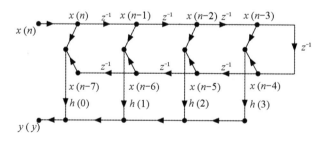

图 3 - 29　8 点长的偶对称线性相位结构

至于脉冲响应是奇对称的滤波器,它也有线性相位型,不过它的系数加权的信号都是 2 个样本之差,除此之外,其他部分与偶对称的线性相位型相同。例如 8 点长的奇对称脉冲响应,它的滤波器输出为

$$y(n) = \sum_{m=0}^{7} h(m)x(n-m)$$
$$= h(0)x(n) + h(1)x(n-1) + h(2)x(n-2) + h(3)x(n-3) +$$
$$h(4)x(n-4) + h(5)x(n-5) + h(6)x(n-6) + h(7)x(n-7)$$

$$= h(0)[x(n)-x(n-7)]+h(1)[x(n-1)-x(n-6)]+$$
$$h(2[x(n-2)-x(n-5)])+h(3)[x(n-3)-x(n-4)]$$

与其相应的线性相位结构如图 3-30 所示。图中经常用到的运算是两个信号样本之差乘以一个系数,这种减乘运算也是数字信号处理中常见的,也被集成在 DSP 芯片里,用一条指令就能在芯片的一个时钟周期内完成。

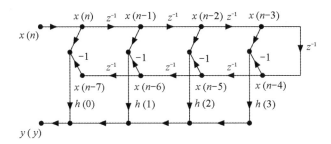

图 3-30 8 点长的奇对称线性相位结构

总的来说,FIR 滤波器的结构特点是它的信号总是向着终点前进,没有反馈;或者说,它的支路都是前向的,没有后向的。

3.3 数字滤波器的类别

3.3.1 IIR 滤波器与 FIR 滤波器的表达式

1. IIR 滤波器的表达式

IIR 滤波器的系统函数是

$$H(z) = \frac{b_0 + b_1 z^{-1} + b_2 z^{-2} + \cdots + b_M z^{-M}}{1 + a_1 z^{-1} + 1 + a_2 z^{-2} + \cdots + b_N z^{-N}} = \frac{\sum\limits_{m=0}^{M} b_m z^{-m}}{1 = \sum\limits_{r=1}^{N} a_r z^{-r}} (N \geqslant 1)$$

其分母的 N 代表 IIR 滤波器的阶。如果用差分方程表示,则 IIR 滤波器的表达式是

$$y(n) = \sum_{m=0}^{M} b_m x(n-m) - \sum_{r=1}^{N} a_r y(n-r) \qquad (N \geqslant 1)$$

其右边的输出项 $y(n-r)$ 是输出的延时分量。输出的延时分量的存在,表示 IIR 滤波器之前的输出会影响现在的输出,现在的输出将影响未来的输出,这种现象称作反馈。

由上式可知 IIR 滤波器的单位脉冲响应是

$$h(n) = \sum_{m=0}^{M} b_m \delta(n-m) - \sum_{r=1}^{N} a_r h(n-r) \qquad (N \geqslant 1)$$

它的 $h(n-r)$ 项直接说明了系统 $h(n)$ 的非零项是无限多的。

2. FIR 滤波器的表达式

FIR 滤波器的系统函数是

$$H(z) = \sum_{m=0}^{M} b_m z^{-m} = \sum_{m=1}^{M} h(m) z^{-m} \qquad (M \geqslant 0)$$

它是有限长单位脉冲响应 $h(m)$ 的 z 变换，系数 b_m 就是脉冲响应 $h(m)$，其中 z^{-1} 的最高次方 M 代表 FIR 滤波器的阶。

FIR 滤波器的差分方程是

$$y(n) = \sum_{m=0}^{M} b_m x(n-m) \qquad (M \geqslant 0)$$

它的右边不含输出的延时项，这说明 FIR 滤波器的输出仅与输入有关系。当输入 $x(n)$ 停止后 M 点，系统的输出 $y(n)$ 也将停止。为了方便叙述，下面都把 FIR 滤波器的长度称为 N 点，或者说，N 点长 FIR 滤波器是 $N-1$ 阶的 FIR 滤波器。

例 3-5 有两个滤波器的信号流图如图 3-31 所示，请分析它们各属于哪种类型的滤波器，并指出它们的阶数。

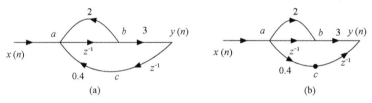

图 3-31 两个滤波器的信号流图

解 （1）图(a)信号流图

它除了一条从源点 $x(n)$ 流向终点 $y(n)$ 的前向通路外，还有两条朝 $x(n)$ 方向的后向通路，一条是 $b-a$，另一条是 $y(n)-c-a$。后面的通路就是反馈通路。该的信号流图属于 IIR 滤波器。运用梅森公式，得该滤波器的系统函数：

$$H(z) = \frac{3z^{-1}}{1 - 2z^{-1} - 1.2z^{-2}} \text{（字母 } z^{-1} \text{ 的最高阶 } N = 2\text{）}$$

图(a)信号流图是二阶的 IIR 滤波器。

（2）图(b)信号流图

不考虑方向的话，图(a)和图(b)的形状相同，系数也相同。若考虑方向，意义就不同了。图(b)信号流图有三条前向通路，不存在反馈回路，所以图(b)的信号流图属于 FIR 滤波器。它的结构很简单，直接观察就可以写出差分方程：

$$y(n) = 3 \times [2x(n) + x(n-1)] + 0.4x(n-1)$$
$$= 6x(n) + 3.4x(n-1) \text{（阶 } M = 1\text{）}$$

图(b)信号流图是一阶的 FIR 滤波器,滤波器长度等于2。

为了方便学习数字信号处理,本书介绍的滤波器的系数和延时量,如系统函数式的 (b_m, a_r) 和 (m, r),都是常数,这种系统的性能是固定的。实际应用中,系统的参数可以是变量,可以根据实际情况来控制它们的变化,这种系统的性能是变化的。

例 3-6　两个相同的声音,如果其中一个声音有延迟,对于不同的延迟量,人耳分辨这两个声音的能力是不同的。假设延迟时间=100ms 时,人耳听力能清晰地感觉到两个声音。请提出一种数字设计方案,它能产生将一人演唱变成两人合唱的音响特技效果。设采样频率为 10kHz。

解　真正的两人合唱,他们的歌声基本上是同步的,但是在音量和节奏上仍有差别,正是这种差别产生了合唱效果。这种音响效果可以用 FIR 滤波器来模仿,即

$$y(n) = x(n) + ax(n-D)（合唱滤波器）$$

右边的第一项是真实演唱的信号,第二项是经过延迟和衰减的复制品。延迟量 D 能营造两个人的唱歌速度不一致的效果,衰减量 a 能营造两个人的音量大小不一样的效果。

最简单的合唱滤波器式的参量 D 和 a 是固定的,但是,人耳能察觉这种合唱是假的。因为真正合唱时,歌唱者会时刻根据同伴唱歌的速度和音量来调节自己的歌声。调节速度小于音频速度。

要想得到真人合唱效果的滤波器,就要让 D 和 a 是变量。如果 D 和 a 按固定规律变化,人耳的适应力很快会感觉到这种合唱的单调。为了避免这种现象,参量的变化应该是没有规律地缓缓变化,仿佛像真人合唱那样。例如用随机函数控制 D 在 $[0,1000]$ 的范围变化,控制 a 在 $[0.8,1.2]$ 的范围变化,变化速度为 1 次/s,延迟范围的最大值 1000 的计算根据公式:最大延迟时间=D×采样周期。

3.3.2　IIR 滤波器与 FIR 滤波器的比较

(1) FIR 滤波器可以做精确的线性相位响应,其潜在的意义是,采用这种滤波器不会给信号带来相位失真。在许多应用中,如数据传输、生物医学、高保真音响系统、图像处理等,相位不失真是非常必要的,应该选择 FIR 滤波器;而 IIR 滤波器的相位响应在通带和阻带边缘的失真都比较大,不适合这方面的应用。

(2) FIR 滤波器的实现是非递归的,它的输出等于输入的直接相乘和相加,其结果总是稳定的。而 IIR 滤波器的实现是递归的,它的输出总是与先前的输出有关,这使得它的稳定性难以得到保证。

(3) 采用有限字长来实现数字滤波器时会产生不良的影响,如舍入噪声、系数量化误差等。这种影响对于 FIR 滤波器来说是较小的,但对于 IIR 滤波器来说就比较大。原因很简

单,IIR 滤波器有反馈,反馈会将这种不良影响不断地传递给下次的输出。

（4）对于锐截止滤波器,FIR 滤波器要求的 $H_a(s) \xrightarrow{\text{通过变换}} H(z)$ 系数比 IIR 滤波器的要多。因此,对于给定的幅度响应指标,FIR 滤波器的实现需要更多的处理时间和更大的储存量,这很可能提高制作成本。

（5）模拟滤波器可以很容易地转化为具有类似性能的无限脉冲响应数字滤波器。使用 FIR 数字滤波器则是不可能的,因为 FIR 滤波器没有相对应的模拟滤波器。然而,有限脉冲响应系统可以方便地合成具有任何频率响应的滤波器。

（6）在数学上,如果没有计算机的辅助设计,FIR 滤波器的设计将比 IIR 滤波器的设计难很多。

3.4　IIR 滤波器的设计

IIR 滤波器的传递函数可以写成 N 阶的有理函数:

$$H(z) = \frac{\sum\limits_{i=0}^{n} a_i z^{-i}}{1 - \sum\limits_{i=1}^{n} b_i z^{-i}} = A \frac{\prod\limits_{i=1}^{N} (1 - c_i z^{-i})}{\prod\limits_{i=1}^{N} (1 - d_i z^{-i})}$$

滤波器设计的核心是求传递函数,而传递函数的设计就是确定系数,或者确定零点、极点,使得滤波器的传递函数满足给定的性能要求。

3.4.1　模仿模拟滤波器的设计

因为模拟滤波器的设计目前已经很完善,不仅有简单和严格的设计公式,而且它的设计参数也已经表格化,因此,我们可以借助于模拟滤波器设计的成果来设计数字滤波器。在模拟系统中,利用工作参数综合法设计滤波器时,无论低通、高通、带通和带阻滤波器,均是先设计一个低通原型,然后经过某种频率变换完成所要求设计的滤波器。

利用模拟滤波器来设计数字滤波器,就是从已知的模拟滤波器的传递函数 $H_a(s)$ 设计数字滤波器的传递函数 $H(z)$,即将模拟滤波器转化为数字滤波器。这会牵涉到一个关键的问题,即寻找一种转换关系,将 s 平面上的 $H_a(s)$ 转换成 z 平面上的 $H(z)$。这里 $H_a(s)$ 是模拟滤波器的传输函数,$H(z)$ 是数字滤波器的系统函数。为了确保转换后的 $H(z)$ 稳定且满足技术要求,转换关系要满足以下要求:

（1）将因果稳定的模拟滤波器转换为数字滤波器后,仍然是因果稳定的。我们知道,当模拟滤波器的传输函数 $H_a(s)$ 的极点全部位于 s 平面的左平面时,模拟滤波器才是因果稳定的;对于数字滤波器而言,因果稳定的条件是其传递函数 $H(z)$ 的极点要全部位于单位圆内。因此,转换关系应是 s 平面的左半平面映射到 z 平面的单位圆内。

（2）数字滤波器的频率响应与模拟滤波器的频率响应相对应,s 平面的虚轴映射为 z 平面的单位圆,而响应的频率之间是线性变换关系:

$$\left| H_a(\mathrm{j}\Omega) \right|^2 = H_a(\mathrm{j}\Omega) \cdot H_a(-\mathrm{j}\Omega) = H_a(s) \cdot H_a(-s) \big|_{s=\mathrm{j}\Omega}$$

在进行 IIR 数字滤波器的设计时,要逼近模拟原型低通滤波器,模拟低通滤波器通常仅考虑幅频特性,习惯上以幅度平方函数来表示模特性。

最常用的模拟原型低通滤波器的逼近方法有巴特沃斯滤波器、切比雪夫滤波器等。

3.4.2 巴特沃斯滤波器

模拟低通巴特沃斯滤波器（Butterworth filter）的幅度平方响应是

$$\left| H(\mathrm{j}\Omega) \right|^2 = \frac{1}{1 + (\Omega/\Omega_c)^{2N}}$$

其中,Ω_c 是半功率点截止频率,它的幅度随频率的增大而变小。如图 3 - 32 所示是 $H(\mathrm{j}\Omega)$ 在阶 $N=1$ 和 $N=5$ 的幅度平方响应。从图中可以看到,巴特沃斯滤波器的幅度平方响应随着 N 增大,它在 $\Omega = \Omega_c$ 的地方变化越陡,越像理想低通滤波器。

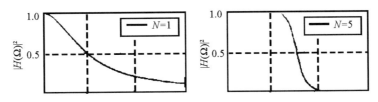

图 3 - 32　巴特沃斯滤波器的幅度平方响应

为了得到用复频率 s 表示的系统,下面将 $s = \mathrm{j}\Omega$ 代入幅度平方响应式,就可以得到:

$$\left| H(\mathrm{j}\Omega) \right|^2 = H(s)H(-s) \big|_{s=\mathrm{j}\Omega} = \frac{1}{1 + \left(\dfrac{s}{\mathrm{j}\Omega_c} \right)^{2N}}$$

$$= \frac{(\mathrm{j}\Omega_c)^{2N}}{s^{2N} + (\mathrm{j}\Omega_c)^{2N}} = \frac{(\mathrm{j}\Omega_c)^{2N}}{(s-s_1)(s-s_2)\cdots(s-s_{2N})} \qquad (s_{1\sim 2N} \text{ 是分母的根})$$

巴特沃斯滤波器幅度平方响应的分母有 $2N$ 个根,确定这些根的依据是

$$s^{2N} + (\mathrm{j}\Omega_c)^{2N} = 0$$

利用 $-1 = \mathrm{e}^{\mathrm{j}(2\pi k - \pi)}$ 来求解上式,就能得到这些根:

$$s_k = \Omega_c \mathrm{e}^{\mathrm{j}\frac{\pi}{2}\left(1 + \frac{2k-1}{N} \right)} \qquad (k = 1, 2, 3, \cdots, 2N)$$

现在,只要确定幅度平方响应式中属于系统函数 $H(s)$ 的因式,也就是确定属于 $H(s)$ 的极点,那么,设计模拟巴特沃斯滤波器的任务就算完成了。可是,确定极点的依据是什么呢?

模拟滤波器必须是稳定的系统,它的工作才能稳定进行。根据稳定性的定义,如果模拟系统 $h(t)$ 是稳定的,$h(t)$ 的积分必须满足:

$$\int_{-\infty}^{\infty} |h(t)| \mathrm{d}t \leqslant A \quad (A \text{ 是有限正数})$$

积分也是一种求和运算。观察幅度平方响应式,与它的因式相类似的像函数是

$$F(s) = \frac{1}{s-(c+\mathrm{j}d)} \qquad (\text{要求 } \sigma > c,\text{极点的 } C \text{ 和 } S = 6+\mathrm{j}\Omega)$$

根据拉普拉斯变换的定义,像函数 $F(s)$ 的原函数是

$$f(t) = \mathrm{e}^{(c+\mathrm{j}d)t}u(t) \quad (\text{其中 } c < 0 \text{ 是 } f(t) \text{ 趋于 } 0 \text{ 的条件})$$

这个 $f(t)$ 满足上面积分式的条件是指数 $c<0$,或者是 $f(t)$ 稳定的条件是指数 $c<0$。

函数式的极点应该在复数 s 坐标平面的左半平面,这就是确定极点的依据。

仔细观察极点公式,就可以发现:$k=1\sim N$ 的根 $s_1\sim s_N$ 在 s 平面的左半平面,$k=N+1\sim 2N$ 的根 $s_{N+1}\sim s_{2N}$ 在 s 平面的右半平面,它们关于 s 平面的实轴 $\mathrm{j}\Omega$ 对称。还有些根 S_k 也关于 s 平面的实轴 σ 对称。如图 3-33 所示是这种情况的夸张画法。只要选择 s 左半平面的极点 s_{1-N},用它们组成幅度平方函数式中的系统函数 $H(s)$,即

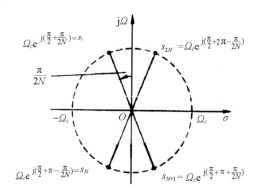

图 3-33　幅度平方响应的极点分布

$$H(s) = \frac{\Omega_c^N}{(s-s_1)(s-s_2)\cdots(s-s_N)}$$

$$= \prod_{k=1}^{N} H_k(s) = \prod_{k=1}^{N} \frac{\Omega_c}{s-s_k} \quad (\text{省略 } \mathrm{j}^N \text{ 不影响幅频特性})$$

$$(s_k = \Omega_c \mathrm{e}^{\mathrm{j}\frac{\pi}{2}\left(1+\frac{2k-1}{N}\right)},\text{前后两半的极点共轭})$$

就可以获得稳定的模拟巴特沃斯滤波器。

如果把式中的因式 $s-s_k$ 变成 (s/s_k-1),还能得到系统函数的另一种写法:

$$H(s) = \frac{1}{(s/s_1-1)(s/s_2-1)\cdots(s/s_N-1)} \quad (\text{分子的"±"不影响幅频特性})$$

例 3 - 7　船舶通信需要一个模拟低通滤波器,其通带截止频率 $f_p=5\mathrm{kHz}$,通带衰减 $A_p=2\mathrm{dB}$,阻带截止频率 $f_s=12\mathrm{kHz}$,阻带衰减 $A_s=20\mathrm{dB}$。请设计出能满足这些技术指标的模拟低通巴特沃斯滤波器。

解　设计滤波器的关键在阶 N 和 3dB 截止频率 Ω_c。下面分四步来完成该模拟滤波器的设计:

第一步,确定滤波器的阶。

$$N=\frac{\lg\left[(10^{A_p/10}-1)/(10^{A_s/10}-1)\right]}{2\lg(\Omega_p/\Omega_s)}$$

将已知条件代入

$$N=\frac{\lg\left[(10^{2/10}-1)/(10^{20/10}-1)\right]}{2\lg(5/12)}\approx 2.93 \quad \text{(这是理论值)}$$

实际的阶 N 是正整数,最好是大于理论值的最小整数。N 在模拟电路里代表电感和电热元件的数量,在数字系统里则代表计算机的运算量;而 N 小于理论值的系统是不能满足技术指标的,N 太大了又会增加模拟系统或数字系统的负担。因此,本例题取 $N=3$。

第二步,确定滤波器的截止频率。

如果使用通带指标 $\{\Omega_p,A_p\}$ 来计算 3dB 截止频率,则

$$\Omega_c=\Omega_p\,(10^{A_p/10}-1)^{-1/(2N)} \quad \text{(它的阻带衰减比技术指标好)}$$

如果使用阻带指标 Ω_s,A_s 来计算 3dB 截止频率,则

$$\Omega_c=\Omega_s(10^{A_p/10}-1)^{-1/(2N)} \quad \text{(它的通带衰减比技术指标好)}$$

现在运用通带指标得到 3dB 截止角频率:

$$\Omega_c=2\pi 5000(10^{2/10}-1)^{-1/(2\times 3)}\approx 2\pi 5468\mathrm{rad/s}$$

$$\approx 34356\mathrm{rad/s}(f_c=5468\mathrm{Hz})$$

若将 $N=3$、$f_s=12\mathrm{kHz}$ 和 $f_c=5468\mathrm{Hz}$ 代入衰减公式,即

$$A(\Omega)=10\lg\left[1+\left(\frac{\Omega}{\Omega_c}\right)^{2N}\right](\text{单位 dB})$$

则可以看到这个滤波器的衰减量:

$$A(\Omega_s)=10\lg\left[1+\left(\frac{2\pi 12000}{2\pi 5468}\right)^{2\times 3}\right]\approx 20.52\mathrm{dB}$$

确实优于技术指标 $A_s=20\mathrm{dB}$。

第三步,确定滤波器的极点。

根据极点公式和阶 $N=3$,选择位于 s 平面的左半平面的极点,即

$$s_k=\Omega_c\mathrm{e}^{\mathrm{j}\frac{\pi}{2}(1+\frac{2k-1}{3})} \quad \text{(选择 } k=1,2,3)$$

得到该系统 $H(s)$ 的极点:

$$s_1 = \Omega_c \mathrm{e}^{\mathrm{j}\frac{2\pi}{3}}, s_2 = -\Omega_c, s_3 = \Omega_c \mathrm{e}^{\mathrm{j}\frac{4\pi}{3}} \quad (s_3 \text{ 是 } s_1 \text{ 的共轭})$$

极点的共轭特点可以减少计算量。

第四步,确定滤波器的系统函数。

根据巴特沃斯滤波器的系统函数式和阶 $N=3$,设计的系统函数如下:

$$H(s) = \frac{\Omega_c^3}{(s-s_1)(s-s_2)(s-s_3)} \quad \text{(利用极点式)}$$

$$= \frac{\Omega_c^3}{s^3 + 2\Omega_c s^2 + 2\Omega_c^2 s + \Omega_c^3} \quad \text{(利用共轭特点)}$$

$$\approx \frac{4.06 \times 10^{13}}{s^3 + 6.87 \times 10^4 s^2 + 2.36 \times 10^9 s + 4.06 \times 10^{13}} \quad \text{(代入 } \Omega_c \approx 34356)$$

系数的近似取值会改变系统的频率响应,所以必须检验幅频特性。系统函数的幅频特性 $|H(\Omega)|$ 如图 3-34 所示,它的纵坐标按幅度增益绘制,负数表示衰减,其中图(b)是 $H(s)$ 的系数四舍五入整数后的幅频特性,例如 4.06×10^{13} 变为 4×10^{13};两者都能满足技术指标。

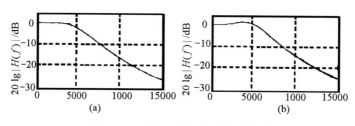

图 3-34　模拟三阶巴特沃斯滤波器

3.4.3　切比雪夫滤波器的设计

切比雪夫滤波器有两种类型:一种的幅度特性是通带等波纹和阻带单调变化的,叫作切比雪夫1型,它的幅度平方响应如图 3-35(a)所示;另一种的幅度特性是通带单调和阻带等波纹变化的,叫作切比雪夫2型,它的幅度平方响应如图 3-35(b)所示。这里只介绍切比雪夫1型模拟低通滤波器。

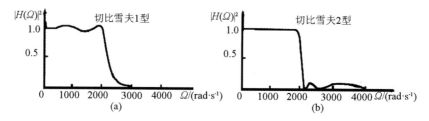

图 3-35　切比雪夫滤波器的幅度平方响应

切比雪夫1型的模拟低通滤波器的幅度平方函数是

$$|H(\Omega)|^2 = \frac{1}{1+[rC_N(\Omega/\Omega_p)]^2} \qquad (\Omega_p \text{ 是通带截止频率})$$

式中：r 是跟通带的波动幅度有关的函数；$C_N(x)$ 是 N 阶切比雪夫多项式。

N 阶切比雪夫多项式的定义是

$$C_N(x) = \begin{cases} \cos[N\arccos(x)] & (\text{当}|x|\leqslant 1 \text{ 时}) \\ \mathrm{ch}[N\mathrm{arch}(x)] & (\text{当}|x|> 1 \text{ 时}) \end{cases}$$

其余弦函数 $\cos(x)$ 是等波幅函数，它的绝对值不大于 1；双曲余弦函数 $\mathrm{ch}(x)=\cosh(x)$ $=(\mathrm{e}^x+\mathrm{e}^{-x})/2$，它在 $|x|$ 大于 1 时单调增加，如图 3-36 所示。阶 N 对切比雪夫多项式的影响很大：N 越大，余弦函数 $\cos\{N\arccos(x)\}$ 的波动越快，双曲余弦函数 $\mathrm{ch}\{N\mathrm{arch}(x)\}$ 的上升也越快。如图 3-37 所示，图(a)是 $N=4$ 的切比雪夫多项式 $C_4(x)$ 的变化曲线，图(b)是 $N=8$ 的切比雪夫多项式 $C_8(x)$ 的曲线。

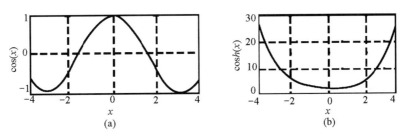

图 3-36 余弦曲线和双曲余弦曲线

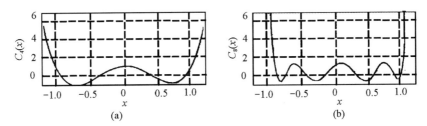

图 3-37 切比雪夫多项式曲线

切比雪夫多项式也可以通过递推关系获得，如：

$$C_n(x) = 2xC_{n-1}(x) - C_{n-2}(x) \qquad (n \geqslant 2)$$

式中：$C_0(x) = 1$ 和 $C_1(x) = x$。

根据切比雪夫多项式的特点：在通带范围 $\Omega \leqslant \Omega_p$，切比雪夫 1 型函数式的分母在 1 的上面等幅度波动，波动的幅度是 r^2，所以它的幅度平方响应等幅波动，如图 3-38 所示；在通带外 $\Omega > \Omega_p$，切比雪夫 1 型函数的分母单调增加，所以它的幅度平方响应单调减小，如图 3-38 所示。

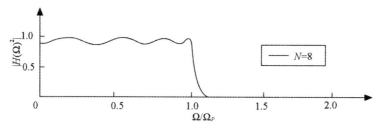

图 3 - 38 切比雪夫 1 型的幅度特点

切比雪夫 1 型的阶 N 决定滤波器的波动密度和过滤带宽度,波动系数 r 决定波动的幅度。确定这两个参数是从切比雪夫 1 型的衰减函数入手,衰减函数是

$$A(\Omega) = 10\lg\{1 + [rC_n(\Omega/\Omega_p)]^2\}$$

首先,将通带指标$\{\Omega_p, A_p\}$代入上式,得到

$$A_p = 10\lg\{1 + [rC_n(\Omega/\Omega_p)]^2\} = 10\lg(1 + r^2)$$

化简就能得到切比雪夫 1 型的波动系数:

$$r = (10^{A_p/10} - 1)^{1/2}$$

然后,将指标 Ω_p、Ω_s、A_s 和 r 代入得到

$$A_s = 10\lg\{1 + [rC_N(\Omega_s/\Omega_p)]^2\}$$

$$= 10\lg\{1 + [r\text{ch}(N\text{arch})]^2\} \quad (\text{暂时使用 } x = \Omega_s/\Omega_p > 1)$$

化简就能得到切比雪夫 1 型的阶:

$$N_{\text{chebyshev1}} = \frac{\text{arch}\left(\sqrt{10^{A_s/10}-1}/r\right)}{\text{arch}(\Omega_s/\Omega_p)} = \frac{\text{arch}\left(\sqrt{10^{A_s/10}-1}/\sqrt{10^{A_p/10}-1}\right)}{\text{arch}(\Omega_s/\Omega_p)}$$

知道阶 N 和波动系数 r,就能设计切比雪夫 1 型的系统函数 $H(s)$ 了。为了得到 $H(s)$,下面将 $s=j\Omega$ 代入幅度平方函数式得

$$\left|H(\Omega)^2\right| = H(s)H(-s)\big|_{s=j\Omega} = \frac{1}{1 + \left[rC_N\left(\frac{s}{j\Omega_p}\right)\right]^2}$$

$$= \frac{1}{1 + r^2 C_N^2(x)} \left(\text{为了方便观察,令 } x = \frac{s}{j\Omega_p}\right)$$

它的分母含 N 阶多项式 $C_N(x)$ 的平方,是 $2N$ 阶的,应该有 $2N$ 个根。确定这些根的依据是

$$1 + r^2 C_N^2(x) = 0 \text{ 或 } C_N(x) = \pm j\frac{1}{r}$$

从多项式中任选一个方程,都可以求解方程式。比如选择多项式的第一个方程,这时令

$$\arccos(x) = a + jb \quad (\text{这是复数变量的代换技巧})$$

并将它代入第一个方程,得到

$$C_N(x) = \cos[N(a+\mathrm{j}b)] \qquad \text{(三角函数的两角和的公式)}$$

$$= \cos(Na)\cos(\mathrm{j}Nb) - \sin(Na)\sin(\mathrm{j}Nb) \qquad \text{(欧拉公式)}$$

$$= \cos(Na)\mathrm{ch}(Nb) - \mathrm{j}\sin(Na)\mathrm{sh}(Nb)$$

式中:双曲正弦函数 $\mathrm{sh}(x) = \sinh(x) = (\mathrm{e}^x - \mathrm{e}^x)/2$。

代入后得到一个二元 N 次复数方程:

$$\cos(Na)\mathrm{ch}(Nb) - \mathrm{j}\sin(Na)\mathrm{sh}(Nb) = \pm\mathrm{j}\frac{1}{r}$$

对比复数方程式的实部和虚部,可以得到二元 N 次方程组:

$$\begin{cases} \cos(Na)\mathrm{ch}(Nb) = 0 \\ \sin(Na)\mathrm{sh}(Nb) = \pm\dfrac{1}{r} \end{cases}$$

利用双曲余弦函数 $\mathrm{ch}(x)$ 不等于 0 和 $\sin(\pm\pi/2) = \pm 1$ 的特点,求出方程组式的解:

$$\begin{cases} a = \left(\dfrac{\pi}{2} + \pi k\right)/N = \dfrac{2k-1}{2N}\pi \\ b = \pm\dfrac{\mathrm{arsh}(1/r)}{N} \end{cases} \qquad (k = 1 \sim N)$$

将这些 a 和 b 代回,就能得到根:

$$x_k = \cos(a)\mathrm{ch}(b) - \mathrm{j}\sin(a)\mathrm{sh}(b) \qquad (k = 1 \sim N)$$

$$= \cos\left(\frac{2k-1}{2N}\pi\right)\mathrm{ch}\left[\frac{\mathrm{arsh}(1/r)}{N}\right] \pm \mathrm{j}\sin\left(\frac{2k-1}{2N}\pi\right)\mathrm{sh}\left[\frac{\mathrm{arsh}(1/r)}{N}\right]$$

由 $x = \dfrac{s}{\mathrm{j}\Omega_p}$,得到切比雪夫 1 型的幅度平方函数的 $2N$ 个极点:

$$s_k = \pm\Omega_p\sin\left(\frac{2k-1}{2N}\pi\right)\mathrm{sh}\left[\frac{\mathrm{arsh}(1/r)}{N}\right] + \mathrm{j}\Omega_p\cos\left(\frac{2k-1}{2N}\pi\right)\mathrm{ch}\left[\frac{\mathrm{arsh}(1/r)}{N}\right]$$

式中: $k = 1 \sim N$,每个 k 都包含"±"两种情况。

组成稳定系统 $H(s)$ 的极点应该在复数 s 坐标平面的左半平面,所以在式中符合稳定要求的极点是

$$s_k = -\Omega_p\sin\left(\frac{2k-1}{2N}\pi\right)\mathrm{sh}\left[\frac{\mathrm{arsh}(1/r)}{N}\right] \pm \mathrm{j}\Omega_p\cos\left(\frac{2k-1}{2N}\pi\right)\mathrm{ch}\left[\frac{\mathrm{arsh}(1/r)}{N}\right]$$

式中: $k = 1 \sim N$。这些极点的前后部分是共轭对称的。

利用极点公式,就可以获得切比雪夫 1 型的系统函数:

$$H(s) = \frac{\Omega_p^N}{r \times 2^{N-1}(s-s_1)(s-s_2)\cdots(s-s_N)} \qquad (N \text{ 是滤波器的阶})$$

到这里,大家可能会产生疑问:这个表达式是怎么来的呢? 其实运用对比法就可以得到。

下面重写切比雪夫 1 型的幅度平方函数式,即

$$|H(\Omega)|^2 = H(s)H(-s)\Big|_{s=j\Omega} = \frac{1}{1+\left[rC_N\left(\frac{s}{j\Omega_p}\right)\right]^2}$$

请仔细观察它的分母,分母包含一个 N 阶切比雪夫多项式 $C_N(s/j)$ 的平方。这说明它的系统函数 $H(S)$ 是 N 阶的,$H(S)$ 的分母包含 $C_N(s/j)$,它是变量 (s/j) 的 N 阶多项式。多项式 $C_N(s/j)$ 的最高次幂 $(s/j\Omega_p)^N = s^N/(j\Omega_p)^N$ 的系数是 2^{N-1},这可以利用切比雪夫多项式的定义式递推得到。如果提取分母多项式的公因式 $r2^{N-1}/(j\Omega_p)^N$,然后再因式分解这个分母多项式,则切比雪夫 1 型的系统函数可以写为

$$H(s) \frac{1}{r\frac{2^{N-1}}{(j\Omega_p)^N}(s-s_1)(s-s_2)\cdots(s-s_N)}$$

$$= \frac{\Omega_p^N/(r\times 2^{N-1})}{(s-s_1)(s-s_2)\cdots(s-s_N)} \quad (\text{省略 } j^N \text{ 不影响幅度特性})$$

切比雪夫 1 型的系统函数式就是这么来的。

例 3 - 8　检测水流速度时,需要一个低通滤波器。滤波器要求通带截止频率 $f_p = 3\mathrm{kHz}$,通带衰减 $A_p = 1\mathrm{dB}$,阻带截止频率 $f_s = 6\mathrm{kHz}$,阻带衰减 $A_s = 40\mathrm{dB}$。请设计一个能满足这些技术指标的模拟切比雪夫 1 型低通滤波器。

解　设计滤波器的关键是确定阶 N 和波动系数 r。下面分四步完成这个设计。

第一步,确定波动系数 r。

将通带衰减 $A_p = 1\mathrm{dB}$ 代入切比雪比 1 型波动系数公式,得到波动系数:

$$r = (10^{1/10}-1)^{1/2} \approx 0.509$$

第二步,确定阶 N。

技术指标 $A_s = 40\mathrm{dB}$、$r = 0.509$、$f_s = 3\mathrm{kHz}$,得到阶:

$$N = \frac{\mathrm{arch}\left(\sqrt{10^{40/10}-1}/0.509\right)}{\mathrm{arch}\left[(2\Omega\times 6)/(2\Omega\times 3)\right]} \approx 4.536 \quad (\text{理想值})$$

实际的阶 N 应该取整数 5,这么做既能满足技术指标,又能使计算机的运算量最小。

第三步,确定系统的极点。

将技术指标 $f_p = 3\mathrm{kHz}$、$N = 5$、$r = 0.509$ 代入极点公式,得到系统的极点:

$$s_k \approx -18850\sin\left(\frac{2k-1}{10}\Omega\right)\mathrm{sh}(0.286) + j18850\cos\left(\frac{2k-1}{10}\Omega\right)\mathrm{ch}(0.286)$$

它的 $k=1\sim5$。利用前后极点的共轭对称性简化计算，这五个极点分别如下：

$s_1 \approx -1686.0 + j18663$

$s_2 \approx -4413.9 + j11535$

$s_3 \approx -5455.9$（极点的前后部分共轭对称）

$s_4 \approx -4413.9 - j11535$

$s_5 \approx -1686.0 - j18663$

第四步，写出系统函数。

将极点公式代入切比雪夫 1 型的系统函数式，得到系统函数：

$$h(s) = \frac{\Omega_p^5/(r \times 2_4)}{(s-s_1)(s-s_2)(s-s_3)(s-s_4)(s-s_5)}$$

$$\approx \frac{2.922 \times 10^{20}}{(s^2 + 3372s + 3.512 \times 10^8)(s+5456)(s^2 + 8828s + 1.525 \times 10^8)}$$

$$\approx \frac{2.922 \times 10^{20}}{s^5 + 17656\,s^4 + 6.525 \times 10^{12}\,s^2 + 7.328 \times 10^{16}\,s^1 + 2.922 \times 10^{20}}$$

若将式的 s 换成 $j2\pi f$，就可以计算系统的幅频特性 $|H(f)|$，如图 3-39 所示。它的通带最大衰减 $=-20\lg(0.8912)\text{dB} \approx 1.00\text{dB}$，阻带最小衰减 $=-20\lg(0.0054)\text{dB} \approx 45.35\text{dB}$，满足技术指标。

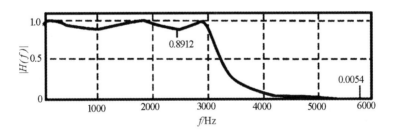

图 3-39　切比雪夫 1 型的五阶滤波器幅频特性

3.4.4　双线性变换法设计 IIR 数字滤波器

从 s 平面到 z 平面是多值的映射关系，会造成频率响应的混叠失真。为了克服这一缺点，可以采用非线性频率压缩方法，将整个频率轴上的频率范围压缩到 $-\pi/T \sim \pi/T$，再用 $z = e^sT$ 转换到 z 平面上。也就是说，第一步先将整个 s 平面压缩映射到 s_1 平面的 $-\pi/T \sim \pi/T$ 一条横带里；第二步再通过标准变换关系 $z = e_1^sT$ 将此横带变换到整个 z 平面上去。这样就使 s 平面与 z 平面建立了一一对应的单值关系，消除了多值变换性，也就消除了频谱混叠现象。映射关系如图 3-40 所示。

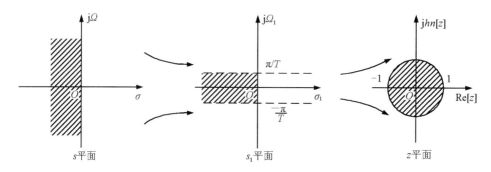

图 3-40　双线性变换的映射关系

为了将 s 平面的整个虚轴 $\mathrm{j}\Omega$ 压缩到 s_1 平面 $\mathrm{j}\Omega_1$ 轴上的 $-\pi/T$ 到 π/T 段上,可以通过以下的正切变换实现：

$$\Omega = \frac{2}{T}\tan\left(\frac{\Omega_1 T}{2}\right)$$

式中：T 仍是采样间隔。

当 Ω_1 由 $-\pi/T$ 经过 0 变化到 π/T 时,Ω 由 $-\infty$ 经过 0 变化到 $+\infty$,也即映射了整个 $\mathrm{j}\Omega$ 轴。将上式改写成

$$\mathrm{j}\Omega = \frac{2}{T}\cdot\frac{\mathrm{e}^{\mathrm{j}\Omega_1 T/2} - \mathrm{e}^{\mathrm{j}\Omega_1 T/2}}{\mathrm{e}^{\mathrm{j}\Omega_1 T/2} + \mathrm{e}^{-\mathrm{j}\Omega_1 T/2}}$$

再将此关系解析延拓到整个 s 平面和 s_1 平面,令 $\mathrm{j}\Omega = s, \mathrm{j}\Omega_1 = s_1$,则得

$$S = \frac{2}{T}\cdot\frac{\mathrm{e}^{s_1 T/2} - \mathrm{e}^{-s_1 T/2}}{\mathrm{e}^{s_1 T/2} + \mathrm{e}^{-s_1 T/2}} = \frac{2}{T}\tanh\left(\frac{s_1 T}{2}\right) = \frac{2}{T} = \frac{1 - \mathrm{e}^{-s_1 T}}{1 + \mathrm{e}^{-s_1 T}}$$

再将 S_1 平面通过以下标准变换关系映射到 z 平面：

$$z = \mathrm{e}^{s_1 T}$$

从而得到 s 平面和 z 平面的单值映射关系：

$$s = \frac{2}{T}\cdot\frac{1 - z^{-1}}{1 + z^{-1}}$$

$$z = \frac{1 + \dfrac{T}{2}s}{1 - \dfrac{T}{2}s} = \frac{\dfrac{T}{2} + s}{\dfrac{2}{T} - s}$$

这种变换都是两个线性函数之比,因此称为双线性变换,双线性变换符合映射变换应满足以下两点要求。

（1）把 $z = \mathrm{e}^{\mathrm{j}\omega}$ 代入上式,可得

$$s = \frac{2}{T}\cdot\frac{1 - \mathrm{e}^{-\mathrm{j}\omega}}{1 + \mathrm{e}^{-\mathrm{j}\omega}} = \mathrm{j}\frac{2}{T}\tan\left(\frac{\omega}{2}\right) = \mathrm{j}\Omega$$

即 s 平面的虚轴映射到 z 平面的单位圆。

（2）将 $s = \sigma + \mathrm{j}\Omega$ 代入上式,得

$$z = \dfrac{\dfrac{2}{T} + \sigma + \mathrm{j}\Omega}{\dfrac{2}{T} - \sigma - \mathrm{j}\Omega}$$

因此

$$|z| = \dfrac{\sqrt{\left(\dfrac{2}{T} + \sigma\right)^2 + \Omega^2}}{\sqrt{\left(\dfrac{2}{T} - \sigma\right)^2 + \Omega^2}}$$

由此看出,当 $\sigma < 0$ 时, $|z| < 1$;当 $\sigma > 0$ 时, $|z| > 1$ 。也就是说, s 平面的左半平面映射到 z 平面的单位圆内, s 平面的右半平面映射到 z 平面的单位圆外, s 平面的虚轴映射到 z 平面的单位圆上。因此,稳定的模拟滤波器经双线性变换后所得的数字滤波器也一定是稳定的。

双线性变换法的主要优点是避免了频率响应的混叠现象。这是因为这里 s 平面与 z 平面是单值的一一对应关系。 s 平面整个 $\mathrm{j}\Omega$ 轴单值地对应于 z 平面单位圆一周,即频率轴是单值变换关系。这个关系式如下:

$$\Omega = \dfrac{2}{T}\tan\left(\dfrac{\omega}{2}\right)$$

上式表明, s 平面上 Ω 与 z 平面的 ω 成非线性的正切关系,如图 3-41 所示。

由图 3-41 可以看出,在零频率附近,模拟角频率 Ω 与数字频率 ω 之间的变换关系接近于线性关系;但当 Ω 进一步增加时, ω 增长得越来越慢,最后当 $\Omega \to \infty$ 时, ω 终止在折叠频率 $\omega = \pi$ 处,因而双线性变换就不会出现由于高频部分超过折叠频率而混淆到低频部分去的现象,从而消除了频率混叠现象。

但是,双线性变换的这个特点是靠频率的严重非线性关系而得到的,但这种频率之间的非线性变换关系会产生

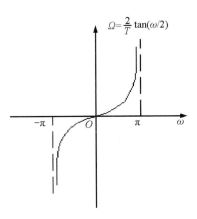

图 3-41　双线性变换法的频率变换关系

新的问题。首先,一个线性相位的模拟滤波器经双线性变换后得到非线性相位的数字滤波器,不再保持原有的线性相位了;其次,这种非线性关系要求模拟滤波器的幅频响应必须是分段常数型的,即某一频率段的幅频响应近似等于某一常数(这正是一般典型的低通、高通、带通、带阻型滤波器的响应特性),不然变换所产生的数字滤波器幅频响应相对于原模拟滤波器的幅频响应会有畸变,如图 3-42 所示。

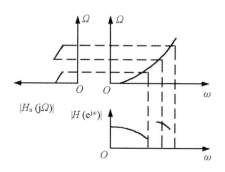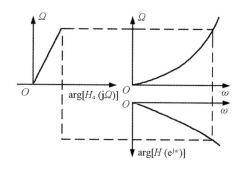

图 3-42　双线性变换法幅度和相位特性的非线性映射

对于分段常数的滤波器,双线性变换后,仍得到幅频特性为分段常数的滤波器,但是各个分段边缘的临界频率点产生了畸变,这种频率的畸变,可以通过频率的预畸来加以校正。也就是将临界模拟频率事先加以畸变,然后经变换后正好映射到所需要的数字频率上。

例 3-9　有一种模拟信号的有用成分分布在频率 $f=1\text{kHz}$ 以下。如果信号的采样频率 $f_s=8\text{kHz}$,要求幅度失真小于 3dB,请利用双线性变换式,设计一个一阶的巴特沃斯数字滤波器,让它完成选择低频信号的滤波任务。

解　首先从题目的信号指标获取数字低通滤波器 3dB 截止频率 $\omega_c=2\pi1000/8000=0.25\pi$,然后开始设计数字滤波器。设计分成以下三步。

第一步,计算模型滤波器的边界频率。

根据频率映射关系式,虚拟的模拟低通滤波器的 3dB 截止角频率(rad/s):

$$\Omega_c=c\cdot\tan\left(\frac{\omega_c}{2}\right)=c\cdot\tan(0.25\pi/2)=0.414c$$

第二步,设计模型滤波器。

根据巴特沃斯滤波器的极点公式,计算模拟系统 $H_a(s)$ 的一阶极点:

$$s_1=\Omega_c e^{j\frac{\pi}{2}\times2}=-\Omega_c$$

再根据模拟系统函数式,写出一阶巴特沃斯滤波器的系统函数:

$$H_a(s)=\frac{\Omega_c}{s+\Omega_c}$$

第三步,设计数字滤波器。

模型的系统函数 $H_a(s)$ 的幅频特性,如图 3-43 所示。当 $\Omega\rightarrow\infty$ 时,$|H_a(\Omega)|\rightarrow0$;图(b)是数字滤波器 $H(z)$ 的幅频特性,当 $\omega\rightarrow\pi$ 时,$|H(\omega)|\rightarrow0$,无折叠失真,这是频率转换式的压缩效果,不过这种压缩是有代价的,它使数字滤波器 $H(z)$ 的过渡带形状不同于模拟滤波器 $H_a(s)$ 的过渡带形状。

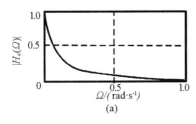 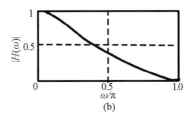

$$
\begin{array}{cc}
\text{(a)} & \text{(b)}
\end{array}
$$

图 3 - 43　双线性变换法的模拟和数字滤波器的幅频特性

3.4.5　脉冲响应不变法设计 IIR 数字滤波器

脉冲响应不变法就是要求数字滤波器的脉冲响应序列 $h(n)$ 与模拟滤波器的脉冲响应 $h_a(t)$ 的采样值相等,即

$$
h(n) = h_a(t)\big|_{t=nT} = h_a(nT)
$$

式中:T 为采样周期。根据模拟信号的拉普拉斯变换与离散序列的 z 变换之间的关系,我们知道:

$$
H(z)\big|_{z=e^{sT}} = \frac{1}{T}\sum_k H_a(s - \mathrm{j}k\Omega_s)
$$

此式表明,$h_a(t)$ 的拉普拉斯变换在 s 平面上沿虚轴,按照周期 $\Omega_s = 2\pi/T$ 延拓后,按式 $z = e^{sT}$ 进行 z 变换,就可以将 $H_a(s)$ 映射为 $H(z)$。事实上,用脉冲响应不变法设计 IIR 滤波器,只适合于 $H_a(s)$ 有单阶极点,且分母多项式的阶次高于分子多项式的阶次的情况。将 $H_a(s)$ 用部分分式表示:

$$
H_a(s) = LT[h_a(t)] = \sum_{i=1}^{N} \frac{A_i}{s - s_i}
$$

式中:$LT[\cdot]$ 代表拉普拉斯变换;s_i 为单阶极点。将 $H_a(s)$ 进行拉普拉斯反变换,即可得到

$$
h_a(t) = \sum_{i=1}^{N} A_i e^{s_i t} u(t)
$$

式中:$u(t)$ 是单位阶跃函数,则 $h_a(t)$ 的离散序列为

$$
h(n) = h_a(nT) = \sum_{i=1}^{N} A_i e^{s_i nT} u(nT)
$$

对 $h(n)$ 进行 z 变换之后,可以得到数字滤波器的系统函数 $H(z)$:

$$
H(z) = \sum_{n=0}^{\infty} h(n)z^{-n} = \sum_{i=1}^{N} \frac{A_i}{1 - e^{s_i T}z^{-1}}
$$

对比 $H_a(s)$ 与 $H(z)$,我们会发现:s 域中 $H_a(s)$ 的极点是 s_i,映射到 z 平面之后,其极点变成了 $e^{s_i T}$,而系数没有发生变化,仍为 A_i。因此,在设计 IIR 滤波器时,我们只要找出模拟滤波器系统函数 $H_a(s)$ 的极点和系数 A_i,通过脉冲响应不变法,代入 $H(z)$ 的表达式中,即可求出 $H(z)$,实现连续系统的离散化。

但是,脉冲响应不变法只适合于设计低通和带通滤波器,而不适合于设计高通和带阻滤波器。因为,如果模拟信号 $h_a(t)$ 的频带不是介于 $\pm(\pi/T)$ 之间,则会在 $\pm(\pi/T)$ 的奇数倍附近产生频率混叠现象,映射到 z 平面后,则会在 $\omega=\pi$ 附近产生频率混叠现象,从而使所设计的数字滤波器不同程度地偏离模拟滤波器在 $\omega=\pi$ 附近的频率特性,严重时会导致数字滤波器不满足给定的技术指标。为此,希望设计的滤波器是带限滤波器,如果不是带限的,如高通滤波器、带阻滤波器,需要在高通滤波器、带阻滤波器之前加保护滤波器,滤出高于折叠频率 π/T 以上的频带,以免产生频率混叠现象。但这样会增加系统的成本和复杂性。因此,高通与带阻滤波器不适合用这种方法。

例 3 - 10　检测地球物理信号时,需要滤掉被测信号中的高频噪声。假设有用信号的频谱成分分布在频率 $f=0\sim500\text{Hz}$ 的范围,请设计一个四阶的巴特沃斯数字滤波器,完成这项任务。

解　截止频率通常是指半功率点截止频率,也就是 3dB 截止频率。本题的设计分以下两步完成。

第一步,设计模拟系统函数。

已知有用信号的截止角频率 $\Omega_c=2\pi500\text{rad/s}$,滤波器的阶 $N=4$,计算模拟系统函数 $H_a(s)$ 的极点:

$$\begin{cases} s_1 \approx -1202 + \text{j}2903 \\ s_2 \approx -2903 + \text{j}1202 \\ s_1 \approx -2903 - \text{j}1202(\text{利用 } s_2) \\ s_1 \approx -1202 - \text{j}2903(\text{利用 } s_1) \end{cases} \qquad (\text{利用极点的共轭对称性})$$

并写出模拟系统函数 $H_a(s)$ 的部分分式表达式:

$$H_a(s) \approx \frac{-1451+\text{j}601}{s-s_1} + \frac{1451-\text{j}3504}{s-s_2} + \frac{1451+\text{j}3504}{s-s_3} + \frac{-1451-\text{j}601}{s-s_4}$$

这个模拟滤波器 $H_a(s)$ 的幅频特性如图 3 - 44 所示,自变量是频率 f 的幅度 $|H_a(f)|$ 在 $f=500\text{Hz}$ 的地方有 $-20\lg(0.707)$(约为 3dB)的衰减。模拟系统函数 $H_a(s)$ 是设计数字滤波器的模型。

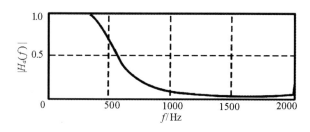

图 3 - 44　模拟四阶巴特沃斯滤波器的幅频特性

第二步,设计数字系统函数。

运用脉冲响应不变法的转换公式时,必须先选择对模拟滤波器的采样频率 f_s。从图 3-44 来看,当 $f=2000\text{Hz}$ 时,$|H_a(f)|$ 几乎为 0;选择采样频率 $f_s=2\times2000\text{Hz}=4000\text{Hz}$,应该不会造成数字滤波器太多的混叠失真。对照模型式,将模拟极点 s_k 和采样周期 $T=1/f_s$ 代入式,就可以得到数字滤波器的系统函数:

$$H(z)\approx\frac{-0.363+\text{j}0.15}{1-(0.554+\text{j}0.491)z^{-1}}+\frac{0.363-\text{j}0.876}{1-(0.462+\text{j}0.143)z^{-1}}$$
$$+\frac{0.363+\text{j}0.876}{1-(0.462-\text{j}0.143)z^{-1}}+\frac{-0.363-\text{j}0.15}{1-(0.554-\text{j}0.491)z^{-1}}$$

由于复数系数会增加处理信号时的运算量,所以应该合并上式中分子分母是共轭的分式,使它们成为实数系数二阶节。这样,数字系统函数为:

$$H(z)\approx\frac{-0.726+0.255z^{-1}}{1-1.108z^{-1}+0.548z^{-2}}+\frac{0.726-0.085z^{-1}}{1-0.924z^{-1}+0.234z^{-2}}$$

它也可以合并成为分子分母都是多项式的系统函数,即

$$H(z)\approx\frac{0.0364z^{-1}+0.0865z^{-2}+0.0131z^{-3}}{1-2.032z^{-1}+1.806z^{-2}-0.766z^{-3}+0.128z^{-4}}$$

这个数字滤波器 $H(z)$ 的幅频特性如图 3-45 所示,它的最大值是 1,这是变换式乘上 T 的效果。按照 $\omega=\Omega T$ 的关系,自然频率 $f=500\text{Hz}$ 对应数字角频率 $\omega=0.25\pi$,这点的数字频谱有 $-20\lg(0.707)$(约为 3dB)的衰减。另外,在横坐标 $\omega=\pi$ 的地方,对应频率 $f=f_s/2=2000\text{Hz}$,看不出混叠失真。

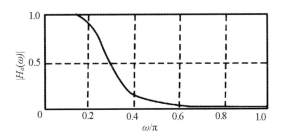

图 3-45 数字四阶巴特沃斯滤波器的幅频特性

3.4.6 直接设计 IIR 数字滤波器

上述方法都是间接设计数字滤波器,其特点是:先在模拟域设计滤波器 $H_a(s)$,然后将模拟域的复变量 s 映射为数字域的复变量 z,就可以获得数字滤波器 $H(z)$。直接设计数字滤波器的特点是:在数字域里设计数字滤波器 $H(z)$,设计的依据可以是系统的零极点,也可以是系统的频谱误差,还可以是单位脉冲响应的误差。

系统函数的零极点在 z 平面上的位置对系统的频谱影响很大。从系统函数是因式相乘的结构来看：零点越靠近单位圆时，零点矢量的长度就越短，最后导致频谱的幅度越小；极点越靠近单位圆时，极点矢量的长度越短，最后导致频谱的幅度越大。所以，零点位置影响幅频特性的凹陷程度，极点位置影响幅频特性的突出程度。

零极点设计法就是依靠零极点位置的特点，通过设置系统函数的零极点，达到设计数学滤波器的目的。不过，设置的零极点必须经过检验，确定它们达到技术指标，才能真正作为系统函数的零极点。

例 3-11 请根据零极点的特点设计一个数字滤波器，用它来完成对模拟信号的选频。要求这个数字滤波器能完成以下的模式信号处理指标：

（1）完全滤除模拟信号的直流成分和 250Hz 成分；

（2）有用信号的中心频率是 20Hz；

（3）滤波器的 3dB 带宽是 10Hz。

解 数字角频率和模拟角频率的关系式如下：

$$\omega = 2\pi fT = 2\pi f/f_s$$

假设模拟信号的最高频率 $f_{\max}=250\mathrm{Hz}$，选择采样频率 $f_s=500\mathrm{Hz}$ 就能满足采样定理。将采样频率代入上式，计算出几个关键的模拟信号频率及其对应的数字角频率，如表3-1所示。参照因式方法表示的系统函数式，将数字系统用零极点写出：

表 3-1 模拟信号频率和数字角频率

模拟信号频率/Hz	0	15	20	25	250
数字角频率/(π·样本$^{-1}$)	0	0.06	0.08	0.1	1

$$H(z) = \frac{\prod_{m=1}^{M}(z - z_m)}{\prod_{n=1}^{M}(z - p_n)}$$

用极坐标表示的零极点分别是

$$\begin{cases} z_m = r_m \mathrm{e}^{\mathrm{j}\omega_m} \\ p_n = r_n \mathrm{e}^{\mathrm{j}\omega_n} \end{cases} \quad (r \text{ 和 } \omega \text{ 分别表示复数的半径和相角})$$

为了实现本题的指标(1)，在 z 单位圆的 $\omega=0$ 和 π 的地方各设置一个零点，即 $z_1 = \mathrm{e}^{\mathrm{j}0} = 1$ 和 $z_2 = \mathrm{e}^{\mathrm{j}\pi} = 1$，使系统幅度 $|H(\omega)|$ 在 $\omega=0$ 和 π 的值等于零。

为了实现本题的指标(2)，在 z 单位圆的 $\omega=0.08\pi$ 的地方设置一个零点。请注意：零极点必须是共轭对称的，这是为了保证分母多项式的系数是实数，或者说是为了维护系统频

谱的对称性。所以,还要在 $\omega=-0.08\pi$ 的地方设置一个共轭极点。这对共轭极点是

$$p_1 = r\,\mathrm{e}^{\mathrm{j}0.08\pi} \ \text{和} \ p_2 = r\,\mathrm{e}^{-\mathrm{j}0.08\pi}$$

它们能提高 $\omega=0.08\pi$ 周围的系统增益。极点的半径 r 需要经过计算和分析才能确定。

　　将这些零极点公式代入后,经过多次尝试,得到 $r=0.94$。它们的归一化幅频特性 $|H(\omega)|/|H(\omega)|_{\max}$ 如图 3-46 所示,$|H(\omega)|_{\max}\approx17.2$。在 $\omega=0$ 和 $\omega=\pi$ 处,$|H(\omega)|=0$;在中心频率 $w=0.08\pi$ 处,系统增益最大;在 $\omega=0.06\pi$ 和 $\omega=0.1\pi$ 处,$|H(\omega)|/|H(\omega)|_{\max}\approx0.7$,衰减约为 3dB,基本达到本题的指标(3)。这样设置零极点的系统函数如下:

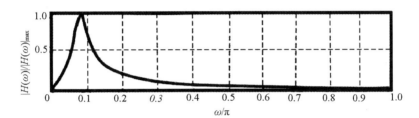

图 3-46　零极点设计法的带通滤波器幅频特性

$$H(z) = \frac{(z-1)(z+1)}{(z-0.94\,\mathrm{e}^{\mathrm{j}0.08\pi})(z-0.94\,\mathrm{e}^{-\mathrm{j}0.08\pi})}$$

$$\approx \frac{1-z^{-2}}{1-1.821\,z^{-1}+0.884\,z^{-2}}$$

　　如果希望系统 $H(z)$ 的频谱幅度最大值为 1,给上式的右边除以系数 $|H(\omega)|_{\max}\approx17.2$ 或乘上系数 0.0581 就可以了。

　　请注意,极点太靠近单位圆,对实际的 DSP 系统存在隐患。其原因是:信号的量化、系统参数的量化、数字信号的计算等实际操作都有误差,这些误差有时会将系统带入不稳定状态。

　　如果设置一个零点或极点还不能达到要求,就增加多个零点或极点;零点或极点的位置是否相同,需要由实验来确定。

　　例 3-12　心电图仪器在检测人体的生理信号时,必须消除 50Hz 交流电对非常微弱的生理电流的影响。假设消除交流干扰的滤波器使用三对零点和三对极点,有一对极点的半径 $r=0.9$,采样周期 $T=0.002\mathrm{s}$,零极点的位置可以是重合的或者均匀分布的。请问,哪一种方法对有用信号的影响较小?

　　解　为了消除 50Hz 交流干扰,零点应该在 z 平面的单位圆上,确保交流干扰被衰减到零。零点的数字角频率 ω_0 对应模拟交流电频率 $f_0=50\mathrm{Hz}$,故本题的零点只能有一个位置,也就是零点重合对消除单一频率最好。根据数字角频率 $\omega=2\pi fT$,在 $\omega=\pm\omega_0=\pm0.2\pi$ 的地方设置三对零点(三对共轭零点),它们分别是

$$\begin{cases} z_{1\sim3} = \mathrm{e}^{\mathrm{j}0.2\pi} \approx \mathrm{e}^{\mathrm{j}0.628}(\text{在 } x \text{ 轴上方的三个零点}) \\ z_{4\sim6} = \mathrm{e}^{-\mathrm{j}0.2\pi} \approx \mathrm{e}^{-\mathrm{j}0.628}(\text{在 } x \text{ 轴下方的三个零点}) \end{cases}$$

为了保证有用信号不受影响,当 $\omega \neq \omega_0$ 时,希望系统的频谱幅度 $|H(w)|=1$。所以,从系统函数的因式结构来看,每个零点 z_m 旁边应该搭配一个极点 p_m,以保证零点矢量 $(z-z_m)$ 和极点矢量 $(z-p_m)$ 在 $\omega \neq \omega_0$ 时的长度近乎相等。至于怎样安排极点更适合本题的要求,这需要由实验来确定。

(1)极点是重合的

根据有一对极点的半径 $r=0.9$,在 $\omega=\pm0.2\pi$ 的地方设置三对重合的极点(三对共轭极点),即

$$\begin{cases} p_{1\sim3} = 0.9\mathrm{e}^{\mathrm{j}0.2\pi} \approx 0.9\mathrm{e}^{\mathrm{j}0.628}(\text{在 } x \text{ 轴上方的三个极点}) \\ p_{4\sim6} = 0.9\mathrm{e}^{-\mathrm{j}0.2\pi} \approx 0.9\mathrm{e}^{-\mathrm{j}0.628}(\text{在 } x \text{ 轴下方的三个极点}) \end{cases}$$

将零点公式和极点公式代入因式表示的系统函数式,就能得到多重极点的滤波器:

$$H_{\text{multiple}}(z) = \frac{\displaystyle\prod_{m=1}^{3}(z-z_m)(z-z_m^*)}{\displaystyle\prod_{m=1}^{3}(z-p_m)(z-p_m^*)}(\text{合并共轭零极点,化成 } z^{-1} \text{ 的形式})$$

$$\approx \frac{1-1.618\,z^{-1}+z^{-2}}{1-1.456\,z^{-1}+0.81\,z^{-2}} \cdot \frac{1-1.618\,z^{-1}+z^{-2}}{1-1.456\,z^{-1}+0.81\,z^{-2}} \cdot \frac{1-1.618z^{-1}+z^{-2}}{1-1.456z^{-1}+0.81z^{-2}}$$

它有三个相同的二阶节。该滤波器的零极点分布和幅频特性如图 3-47 所示,符号〇旁边的 3 表示三重零点,符号×旁边的 3 表示三重极点。在 $\omega=\pm\omega_0$ 的地方,滤波器的幅度 $|H_{\text{multiple}}(\omega)|=0$,它能完全消除 50Hz 交流干扰,这是零点发挥了作用。

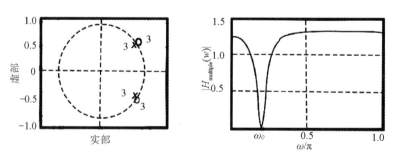

图 3-47 重合极点的滤波器的零极点分布和幅频特性

(2)极点是均匀分布的

均匀分布极点的方法有多种形式,这里是以零点 z_1 为中心,安排三个极点 p_1、p_2、p_3 的角度间隔 $\pi/3\mathrm{rad}$,如图 3-48 所示。z_1 到 p_1、p_2、p_3 的长度都是 $1-r=0.1$。由于零极点在 z 平面上都是有大小和方向的量,属于矢量,可以利用矢量的加法规则,如图 3-49 所示。利用矢量加法的特点,可以很容易地设置和计算这三对均匀分布的极点,它们分别是

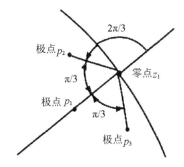

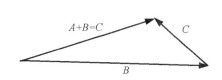

图 3-48 极点均匀分布的方法   图 3-49 矢量加法的规则

$$
\begin{cases}
p_1 = 0.9\,\mathrm{e}^{\mathrm{j}0.628} & (\text{在 } x \text{ 轴上面的极点}) \\
p_2 = z_1 + 0.1\,\mathrm{e}^{\mathrm{j}(0.2\pi + 2\pi/3)} \approx 0.954\,\mathrm{e}^{\mathrm{j}0.719} & (\text{在 } x \text{ 轴上面的极点}) \\
p_3 = z_1 + 0.1\,\mathrm{e}^{\mathrm{j}(0.2\pi - 2\pi/3)} \approx 0.954\,\mathrm{e}^{\mathrm{j}0.537} & (\text{在 } x \text{ 轴上面的极点}) \\
p_4 \approx 0.9\,\mathrm{e}^{-\mathrm{j}0.628} & (\text{与极点 } p_1 \text{ 共轭}) \\
p_5 \approx 0.954\,\mathrm{e}^{-\mathrm{j}0.719} & (\text{与极点 } p_1 \text{ 共轭}) \\
p_6 \approx 0.954\,\mathrm{e}^{-\mathrm{j}0.537} & (\text{与极点 } p_1 \text{ 共轭})
\end{cases}
$$

将零点公式和极点公式代入因式表示的系统函数式,合并共轭的零极点,就可以得到极点式均匀分布的滤波器:

$$
H_{\text{even}}(z) \approx \frac{1 - 1.618\,z^{-1} + z^{-2}}{1 - 1.456\,z^{-1} + 0.8\,z^{-2}} \cdot \frac{1 - 1.618\,z^{-1} + z^{-2}}{1 - 1.436\,z^{-1} + 0.91\,z^{-2}} \cdot \frac{1 - 1.618\,z^{-1} + z^{-2}}{1 - 1.639\,z^{-1} + 0.91\,z^{-2}}
$$

它有三个不同的二阶节,滤波器的零极点分布和幅频特性如图 3-50 所示。与图3-47对比后可以发现:均匀分布极点的滤波器 $H_{\text{even}}(z)$ 的幅频特性在 $\omega \neq \pm \omega_0$ 的地方比较平坦,说明 $H_{\text{even}}(z)$ 对有用信号的影响较小。

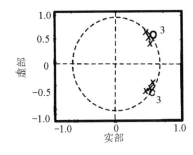

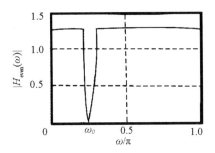

图 3-50 极点分开的滤波器的零极点分布的幅频特性

3.5　FIR 滤波器的设计

有限长单位冲激响应(FIR)数字滤波器可以做成具有严格的线性相位,同时又可以具有任意的幅度特性。此外,FIR 滤波器的单位抽样响应是有限长的,因而滤波器一定是稳定的。再有,只要经过一定的延时,任何非因果有限长序列都能变成因果的有限长序列,因而总能用因果系统来实现。最后,FIR 滤波器由于单位冲激响应是有限长的,可以用快速傅里叶变换(FFT)算法来实现信号过滤,从而可大大提高运算效率。但是,要取得很好的衰减特性,FIR 滤波器 $H(z)$ 的阶次比 IIR 滤波器要高。

3.5.1　线性相位 FIR 数字滤波器的特点

1. 单位冲激响应 $h(n)$ 的特点

FIR 滤波器的单位冲激响应 $h(n)$ 是有限长 $(0 \leqslant n \leqslant N-1)$,其 z 变换为

$$H(z) = \sum_{m=0}^{N-1} h(n) z^{-m}$$

在有限 z 平面上有 $(N-1)$ 个零点,而它的 $(N-1)$ 个极点均位于原点 $z=0$ 处。

2. 线性相位的条件

如果 FIR 滤波器的单位抽样响应 $h(n)$ 为实数且满足以下任一条件:

偶对称 $h(n) = h(N-1-n)$

奇对称 $h(n) = -h(N-1-n)$

其对称中心在 $n=(N-1)/2$ 处,则滤波器具有准确的线性相位。

3. 线性相位特点和幅度函数的特点

(1) $h(n)$ 偶对称。

$$H(\omega) = \sum_{n=0}^{k-1} h(n) \cos\left[\left(\frac{N-1}{2} - n\right)\omega\right]$$

$$\theta(\omega) = -\left(\frac{N-1}{2}\right)\omega$$

幅度函数 $H(\omega)$ 包括正负值,相位函数是严格线性相位,说明滤波器有 $(N-1)/2$ 个抽样的延时,它等于单位抽样响应 $h(n)$ 长度的一半。在图 3-51 中,线性相位无 90°附加相移,幅度函数在 π 处存在零点,且对 $\omega=\pi$ 呈奇对称,因此不适合作高通滤波器。如图 3-52 所示,线性相位无 90°附加相移,幅度函数对在 $\omega=0$、$\omega=\pi$ 和 $\omega=2\pi$ 处呈偶对称,因此适合做低通、高通滤波器。

(2) $h(n)$ 奇对称。

$$H(\omega) = \sum_{n=0}^{k-1} h(n) \sin\left[\left(\frac{N-1}{2} - n\right)\omega\right]$$

$$\theta(\omega) = -\left(\frac{N-1}{2}\right)\omega + \frac{\pi}{2}$$

相位函数仍是线性,但在零频率($\omega=0$)处有 $\pi/2$ 的截距,不仅有($N-1$)个抽样的延时,还产生一个 $\pi/2$ 的相移。

在图 3-53 中,线性相位有 90°附加相移,幅度函数在 $\omega=0$、$\omega=2\pi$ 处为零点,且对 $\omega=0$ 和 $\omega=2\pi$ 呈奇对称,对 $\omega=\pi$ 呈偶对称。

在图 3-54 中,线性相位有 90°附加相移,幅度函数在 $\omega=0$、$\omega=\pi$、$\omega=2\pi$ 处为零,且对 $\omega=0$、$\omega=\pi$ 和 $\omega=2\pi$ 呈奇对称。如图 3-52 和图 3-54 所示的滤波器均适合在微分器和 90°移相器中应用。

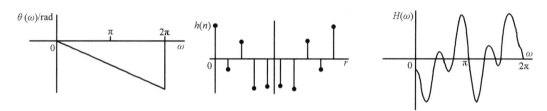

图 3-51　长度 N 为偶数、偶对称时的相位函数、冲激响应、幅度函数波形图

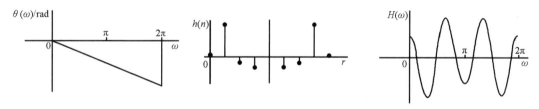

图 3-52　长度 N 为奇数、偶对称时的相位函数、冲激响应、幅度函数波形图

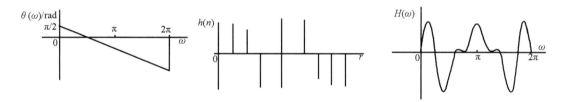

图 3-53　长度 N 为偶数、奇对称时的相位函数、冲激响应、幅度函数波形图

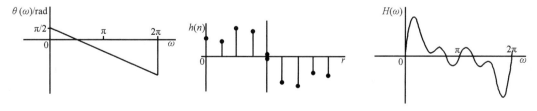

图 3-54　长度 N 为奇数、奇对称时的相位函数、冲激响应、幅度函数波形图

这四种线性相位 FIR 滤波器的特性可以总结如下：

第一种情况，偶对称，奇数点，四种滤波器都可设计；

第二种情况，偶对称，偶数点，可设计低通、带通滤波器，不能设计高通和带阻滤波器；

第三种情况，奇对称，奇数点，只能设计带通滤波器，其他滤波器都不能设计；

第四种情况，奇对称，偶数点，可设计高通、带通滤波器，不能设计低通和带阻滤波器。

3.5.2 FIR 数字滤波器的设计原理

一个截止频率为 ω_c 的理想数字低通滤波器，其传递函数的表达式是

$$H_d(e^{j\omega}) = \begin{cases} e^{-j\omega\tau}, & |\omega| \leqslant \omega_c \\ 0, & \omega_c \leqslant \omega \leqslant \pi \end{cases}$$

由上式可以看出，这个滤波器在物理上是不可实现的，因为冲激响应具有无限性和因果性。为了产生有限长度的冲激响应函数，我们取样响应为 $h(n)$，长度为 N，其系数函数为

$$H(z) = \sum_{n=0}^{N-1} h(n)z^{-n}$$

式中：用 $h(n)$ 表示截取 $h_d(n)$ 后的冲激响应，即 $h(n) = \omega(n)h_d(n)$，其中 $\omega(n)$ 为窗函数，长度为 N。当 $\tau = (N-1)/2$ 时，截取的一段 $h(n)$ 对 $(N-1)/2$ 对称，可保证所设计的滤波器具有线性相位。

一般来说，FIR 数字滤波器输出 $y(n)$ 的 z 变换形式 $Y(z)$ 与输入 $w(n) = R_N(n)$ 的 z 变换形式之间的关系如下：

$$Y(z) = H(z)X(z) = h(0) + h(1)z^{-1} + \cdots + (h(n)z^{-n})X(z)$$

从上面的 z 变换和图 3-55 可以很容易得出 FIR 滤波器的差分方程表示形式。对上式进行反 z 变换，可得

$$y(n) = h(1)x(n) + h(2)x(n-1) + \cdots + h(n)x(1)$$

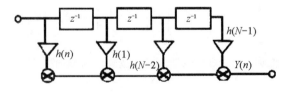

图 3-55 卷积型滤波器

即为 FIR 数字滤波器的时域表示方法，其中 $x(n)$ 是在时间 n 的滤波器的输入抽样值。根据该式即可对滤波器进行设计。从上面的公式我们可以看出，在对滤波器实际设计时，整个过程的运算量很大。设计完成后对已设计的滤波器的频率响应进行校核，运算量也很大。并且在数字滤波器设计的过程中，要根据设计要求和滤波效果不断调整，以达到设计的最优

化。在这种情况下,要进行大量复杂的运算,单纯靠公式计算和编制简单的程序很难在短时间内完成。而利用 Matlab 工具进行计算机辅助设计,则可以快速有效地设计数字滤波器,大大地减少了计算量。

3.5.3　数字滤波器的性能指标

在进行滤波器设计时,需要确定其性能指标。一般来说,滤波器的性能要求往往以频率响应的幅频特性的允许误差来表征。以低通滤波器特性为例,频率响应有通带、过渡带及阻带三个范围,如图 3-56 所示。

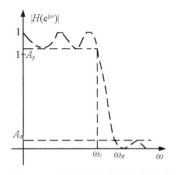

图 3-56　低通滤波器的幅频特性

在通带内：$1 - A_p \leqslant |H(e^{j\omega})| \leqslant 1$, $|\omega| \leqslant \omega_c$

在阻带中：$|H(e^{j\omega})| \leqslant A_{st}$, $\omega_{st} \leqslant |\omega| \leqslant \omega_c$

过渡带：$A_{st} \leqslant |H(e^{jw})| \leqslant 1 - AP$

其中,ω_c 为通带截止频率;ω_{st} 为阻带截止频率;A_p 为通带误差;A_{st} 为阻带误差。

与模拟滤波器类似,数字滤波器按频率特性划分为低通、高通、带通、带阻、全通等类型。数字滤波器的频率响应是周期性的,且周期为 2π。

由于频率响应具有周期性,且频率变量以数字频率 ω 来表示,所以数字滤波器设计中必须给出抽样频率。如图 3-57 所示为各种数字滤波器理想幅度,从中可以看出：

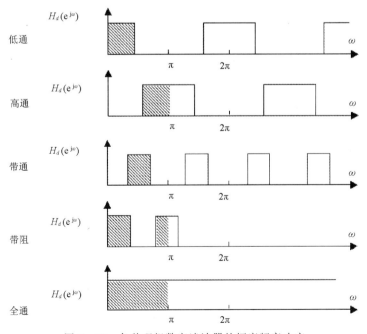

图 3-57　各种理想数字滤波器的幅度频率响应

（1）一个高通滤波器相当于一个全通滤波器减去一个低通滤波器。

（2）一个带通滤波器相当于两个低通滤波器相减。

（3）一个带阻滤波器相当于一个低通滤波器加上一个高通滤波器。

这里的相加、相减都相当于并联结构。

如图 3-57 所示的各种数字滤波器理想频率响应只表示了正频率部分,这样的理想频率响应在实际中是不可能实现的,原因是频带之间幅度响应是突变的,因而其单位抽样响应是非因果的。因此要给出实际逼近容限。数字滤波器的系统函数 $H(z)$,在 z 平面单位圆上的值为滤波器频率响应 $H(e^{j\omega})$,表征数字滤波器频率响应特征的三个参量是幅度平方响应、相位响应和群延时响应。

3.5.4　窗函数设计原理分析

设数字滤波器的传输函数为 $H(e^{j\omega})$,$h_d(n)$ 是与其对应的单位脉冲响应,$H(z)$ 为系统函数。

$$H(e^{j\omega}) = \sum_{n=0}^{N-1} h(n)e^{-j\omega n}$$

$$h_d(n) = \frac{1}{2\pi}\int_{-\pi}^{\pi} H_d(e^{j\omega})e^{j\omega n}d\omega$$

$$H(z) = \sum_{n=0}^{N-1} h(n)z^{-n}$$

一般说来,$h_d(n)$ 是无限长的,需要求对 $H_d(e^{j\omega})$ 的一个逼近值。采用窗函数设计法时,可通过对理想滤波器的单位采样响应加窗设计滤波器:

$$h(n) = \omega(n)h_d(n)$$

其中,$\omega(n)$ 是一个长度有限的窗,在区间 $0 \leqslant n \leqslant N$ 外值为 0,且关于中间点对称:

$$\omega(n) = \omega(N-1-n)$$

频率响应由卷积定理得

$$H(e^{j\omega}) = \frac{1}{2\pi}H_d(e^{j\omega}) \cdot \omega(e^{j\omega})$$

理想的频率响应被窗函数的离散时间傅里叶变换 $\omega(e^{j\omega})$"平滑"了。

采用窗函数设计法设计出来的滤波器的频率响应对理想响应 $H_d(e^{j\omega})$ 的逼近程度,由两个因素决定:①$\omega(e^{j\omega})$ 主瓣的宽度;②$\omega(e^{j\omega})$ 旁瓣的幅度大小。理想的情况是 $\omega(e^{j\omega})$ 主瓣的宽度窄,旁瓣的幅度小。但对于一个长度固定的窗函数来说,这些不能独立地达到最小。窗函数的一些通用性质如下:

（1）窗函数的长度 N 增加,主瓣的宽度减小,使得过渡带变小。关系为

$$NB = C$$

其中,B 是过渡带的宽度;C 是取决于窗函数的一个参数。如矩形窗为 4π。调整 N 可以有效地控制过渡带的宽度,但 N 的改变不会改变主瓣和旁瓣的相对比例。随着 N 值增加,过渡带变窄,波动频率也随着增加,虽然总的幅度有所减少,但截止频率附近的肩峰并不减少,而只是随着 N 值的增加,肩峰被抑制在越来越小的范围内,使肩峰宽度变窄。

（2）窗函数的旁瓣的幅度大小取决于窗函数的选择。选择恰当的窗函数使主瓣包含更多的能量,相应旁瓣的幅度就减小。旁瓣幅度的减小,可以减少通带和阻带的波动,使通带尽可能趋近水平,阻带尽可能达到最大衰减。但通常此时过渡带会变宽。

（3）取不同的窗函数对幅度特性的整形效果比单纯的增加窗口长度要强得多。

3.5.5　窗函数设计方法

窗函数设计方法也叫傅里叶级数法。一般是先给出所要求的理想的滤波器的频率响应 $H_d(e^{j\omega})$,要求设计一个 FIR 滤波器频率响应 $H(e^{j\omega}) = \sum_{n=0}^{N-1} h(n) e^{-j\omega n}$ 来逼近 $H_d(e^{j\omega})$。设计是在时域进行的,因而先由 $H_d(e^{j\omega})$ 的傅里叶反变换导出 $h_d(n)$,即

$$h_d(n) = \frac{1}{2\pi} \int_{-\pi}^{\pi} H_d(e^{j\omega}) e^{j\omega n} d\omega$$

由于 $H_d(e^{j\omega})$ 是矩形频率响应特性,故 $h_d(n)$ 一定是无限长序列,且是非因果的,而 FIR 滤波器的 $h(n)$ 必然是有限长的。所以,要用有限长的 $h(n)$ 来逼近无限长的 $h_d(n)$,最有效的方法是截断 $h_d(n)$ 或者说用一个有限长度的窗口函数序列 $\omega(n)$ 来截取 $h_d(n)$,即

$$h(n) = \omega(n) h_d(n)$$

因而窗函数序列的形状及长度的选择就是关键。

我们以一个截止频率为 ω_c 的线性相位的理想矩形幅度特性的低通滤波器为例来讨论。设低通特性的群延时为 α,即

$$H_d(e^{j\omega}) = \begin{cases} e^{-j\omega\alpha}, & -\omega_c \leqslant \omega \leqslant \omega_c \\ 0, & \omega_c \leqslant \omega \leqslant \pi, -\pi \leqslant \omega \leqslant -\omega_c \end{cases}$$

这表明,在通带 $|\omega| \leqslant \omega_c$ 范围内,$H_d(e^{j\omega})$ 的幅度是均匀的,其值为 1,相位是 $-\omega\alpha$。利用上式可得

$$h_d(n) = \frac{1}{2\pi} \int_{-\omega_c}^{\omega_c} e^{-j\omega\alpha} e^{j\omega n} d\omega = \frac{\omega_c}{\pi} \frac{\sin[\omega_c(n-\alpha)]}{\omega_c(n-\alpha)}$$

其中,$h_d(n)$ 是中心点在 α 的偶对称无限长非因果序列。要得到有限长的 $h(n)$,一种最简单的方法就是取矩形窗 $R_N(n)$,即

$$\omega(n) = R_N(n)$$

但是,按照线性相位滤波器的约束,$h(n)$ 必须是偶对称的,对称中心应为长度的一半,即 $(N-1)/2$,因而必须有 $\alpha = (N-1)/2$,故有

$$\begin{cases} h(n) = h_d(n)\omega(n) = \begin{cases} h_d(n), 0 \leqslant n \leqslant N-1 \\ 0, n \text{ 为其他} \end{cases} \\ \alpha = \dfrac{N-1}{2} \end{cases}$$

可得

$$h(n) = \begin{cases} \dfrac{\omega_c}{\pi} \dfrac{\sin\left[\omega_c\left(n-\dfrac{N-1}{2}\right)\right]}{\omega_c\left(n-\dfrac{N-1}{2}\right)}, 0 \leqslant n \leqslant N-1 \\ 0, n \text{ 为其他值} \end{cases}$$

此时,一定满足 $h(n)=h(N-1-n)$ 这一线性相位的条件。

下面求 $h(n)$ 的傅里叶变换,也就是找出待求 FIR 滤波器的频率特性,以便能看出加窗处理后究竟对频率响应有何影响。

按照复卷积公式,在时域是相乘、频域上是周期性卷积关系,即

$$H(\mathrm{e}^{\mathrm{j}\omega}) = \frac{1}{2\pi} \int_{-\pi}^{\pi} H_d(\mathrm{e}^{\mathrm{j}\theta}) \mathrm{e}^{\mathrm{j}(\omega-\theta)} \mathrm{d}\theta$$

因而 $H(\mathrm{e}^{\mathrm{j}\omega})$ 逼近 $H_d(\mathrm{e}^{\mathrm{j}\omega})$ 的好坏,完全取决于窗函数的频率特性 $W(\mathrm{e}^{\mathrm{j}\omega})$。

窗函数 $\omega(n)$ 的频率特性 $W(\mathrm{e}^{\mathrm{j}\omega})$ 为

$$W(\mathrm{e}^{\mathrm{j}\omega}) = \sum_{n=0}^{N-1} \omega(n) \mathrm{e}^{-\mathrm{j}\omega n}$$

对矩形窗 $R_N(n)$,则有

$$W_R(\mathrm{e}^{\mathrm{j}\omega}) = \sum_{n=0}^{N-1} \mathrm{e}^{-\mathrm{j}\omega n} = \mathrm{e}^{-\mathrm{j}\omega\frac{N-1}{2}} \frac{\sin\left(\dfrac{\omega N}{2}\right)}{\sin\left(\dfrac{N}{2}\right)}$$

也可以表示成幅度函数与相位函数:

$$W_N(\mathrm{e}^{\mathrm{j}\omega}) = W_R(\omega) \mathrm{e}^{-\mathrm{j}\left(\frac{N-1}{2}\right)\omega}$$

其中,$W_R(\omega) = \dfrac{\sin\left(\dfrac{\omega N}{2}\right)}{\sin\left(\dfrac{N}{2}\right)}$。

$W_R(\mathrm{e}^{\mathrm{j}\omega})$ 就是频域抽样内插函数,其幅度函数 $W_R(\omega)$ 在 $\omega=\pm(2\pi/N)$ 之内为一个主瓣,两侧形成许多衰减振荡的旁瓣,如果将理想频率响应表示为

$$H_d(\mathrm{e}^{\mathrm{j}\omega}) = H_d(\omega) \mathrm{e}^{-\mathrm{j}\left(\frac{N-1}{2}\right)\omega}$$

则其幅度函数为

$$H_d(\omega) = \begin{cases} 1, |\omega| \leqslant \omega_c \\ 0, \omega_c < |\omega| \leqslant \pi \end{cases}$$

3.5.6 典型的窗函数

（1）矩形窗（Rectangle Window）：

$$w(n) = R_N(n)$$

其频率响应和幅度响应分别为

$$W(e^{j\omega}) = \frac{\sin(N\omega/2)}{\sin(\omega/2)}e^{-j\omega\frac{N-1}{2}}, W_R(\omega) = \frac{\sin(N\omega/2)}{\sin(\omega/2)}$$

（2）三角形窗（Bartlett Window）：

$$w(n) = \begin{cases} \dfrac{2n}{N-1}, & 0 \leqslant n \leqslant \dfrac{N-1}{2} \\ 2 - \dfrac{2n}{N-1}, & \dfrac{N-1}{2} < n \leqslant N-1 \end{cases}$$

其频率响应为

$$W(e^{j\omega}) = \frac{2}{N}\left[\frac{\sin(N\omega/4)}{\sin(\omega/2)}\right]^2 e^{-j\omega\frac{N-1}{2}}$$

（3）汉宁（Hanning）窗，又称升余弦窗：

$$w(n) = \frac{1}{2}\left[1 - \cos\left(\frac{2n\pi}{N-1}\right)\right]R_N(n)$$

其频率响应和幅度响应分别为

$$W(e^{j\omega}) = \left\{0.5W_R(\omega) + 0.25\left[W_R\left(\omega - \frac{2\pi}{N-1}\right) + W_R\left(\omega + \frac{2\pi}{N-1}\right)\right]\right\}e^{-j(\frac{N-1}{2})\omega}$$

$$= W(\omega)e^{-j\omega\alpha}$$

$$W(\omega) = 0.5W_R(\omega) + 0.25\left[W_R\left(\omega - \frac{2\pi}{N-1}\right) + W_R\left(\omega + \frac{2\pi}{N-1}\right)\right]$$

（4）汉明（Hamming）窗，又称改进的升余弦窗：

$$w(n) = \left[0.54 - 0.46\cos\left(\frac{2n\pi}{N-1}\right)\right]R_N(n)$$

其幅度响应为

$$W(\omega) = 0.54W_R(\omega) + 0.23\left[W_R\left(\omega - \frac{2\pi}{N-1}\right) + W_R\left(\omega + \frac{2\pi}{N-1}\right)\right]$$

（5）布莱克曼（Blankman）窗，又称二阶升余弦窗：

$$w(n) = \left[0.42 - 0.5\cos\left(\frac{2n\pi}{N-1}\right) + 0.08\cos\left(\frac{4n\pi}{N-1}\right)\right]R_N(n)$$

其幅度响应为

$$W(\omega) = 0.42W_R(\omega) + 0.25\left[W_R\left(\omega - \frac{2\pi}{N-1}\right) + W_R\left(\omega + \frac{2\pi}{N-1}\right)\right] +$$

$$0.04\left[W_R\left(\omega - \frac{4\pi}{N-1}\right) + W_R\left(\omega + \frac{4\pi}{N-1}\right)\right]$$

（6）凯泽（Kaiser）窗：

$$w(n) = \frac{I_0\{\beta\sqrt{1-[1-2n/(N-1)]^2}\}}{I_0(\beta)}, 0 \leqslant n \leqslant N-1$$

其中，β 是一个可选参数，用来选择主瓣宽度和旁瓣衰减之间的交换关系。一般说来，β 越大，过渡带越宽，阻带越小，衰减越大。$I_0(\cdot)$ 是第一类修正零阶贝塞尔函数。

若阻带最小衰减表示为 $A_s = -20\log_{10}\delta_s$，$\beta$ 的确定可采用下述经验公式：

$$\beta = \begin{cases} 0, & A_s \leqslant 21 \\ 0.5842(A_s-21)^{0.4} + 0.07886(A_s-21), & 21 < A_s \leqslant 50 \\ 0.1102(A_s-8.7), & A_s > 50 \end{cases}$$

若滤波器通带和阻带波纹相等，即 $\delta_p = \delta_s$ 时，滤波器节数可通过下式确定：

$$N = \frac{A_s - 7.95}{14.36\Delta F} + 1$$

其中

$$\Delta F = \frac{\Delta\omega}{2\pi} = \frac{\omega_s - \omega_p}{2\pi}$$

3.5.7 FIR 滤波器窗函数设计实例

1. 设计步骤

（1）给定所要求的频率响应函数 $H_d(e^{j\omega})$。

（2）求单位冲激响应 $h_d(n) = \dfrac{1}{2\pi}\displaystyle\int_{-\pi}^{\pi} H_d(e^{j\omega})e^{j\omega n}\,d\omega$。

（3）有过渡带宽及阻带最小衰减的要求，查表选定窗函数及 N 的大小。一般 N 的大小要通过几次试探后确定。

（4）求得所设计的 FIR 滤波器的单位冲激响应：

$$h(n) = \omega(n)h_d(n) \quad (n = 0,1,\cdots,N-1)$$

（5）求 $H(e^{j\omega}) = \displaystyle\sum_{n=0}^{N-1} h(n)e^{-j\omega n}$，检验是否满足设计要求，若不满足，则需要重新设计。

2. 设计实例

线性相位 FIR 低通滤波器的设计（用窗函数法）。指标要求：通带截止频率为 0.2π，阻带起始频率为 0.4π，阻带最小衰减为 -50dB。

（1）设 $H(e^{j\omega})$ 为理想线性相位滤波器：

$$H(e^{j\omega}) = \begin{cases} e^{-j\omega\tau}, & |\omega| \leqslant \omega_c \\ 0, & \text{其他} \end{cases}$$

由所需低通滤波器的过渡带求出理想低通滤波器的截止数字频率 $\omega = 0.3\pi$,得

$$h_d(n) = \frac{1}{2\pi}\int_{-\pi}^{\pi} \mathrm{e}^{-\mathrm{j}\omega\tau}\,\mathrm{e}^{\mathrm{j}\omega n}\,\mathrm{d}\omega = \frac{1}{2\pi}\int_{-\omega_c}^{\omega_c} \mathrm{e}^{\mathrm{j}\omega(n-\tau)}\,\mathrm{d}\omega$$

$$= \begin{cases} \sin[\omega_c(n-\tau)], n \neq \tau, n \neq \tau \\ \dfrac{\omega_c}{\pi}, n = \tau \end{cases}$$

其中,$\tau = \dfrac{N-1}{2}$,为线性相位所需的移位。

（2）由阻带衰减确定窗函数,由过渡带宽确定 N 值。阻带最小衰减 50dB,比对 6 种窗函数的基本参数,选定窗函数为海明窗。

所要求的过渡带宽：

$$\Delta\omega = 0.4\pi - 0.2\pi = 0.2\pi$$

$$N = 6.6\pi/0.2\pi = 33, \tau = (N-1)/2 = 16$$

（3）由海明窗函数确定 FIR 滤波器的 $h(n)$。由

$$\omega(n) = \left[0.54 - 0.46\cos\left(\frac{2\pi n}{N-1}\right)\right]R_N(n)$$

$$h_d(n) = \frac{\sin\left[\omega_c\left(n - \dfrac{N-1}{2}\right)\right]}{\pi\left(n - \dfrac{N-1}{2}\right)}$$

得 $h(n) = h_d(n) \cdot \omega(n) = \dfrac{\sin[0.3\pi(\pi-16)]}{\pi(n-16)} \cdot \left[0.54 - 0.46\cos\left(\dfrac{2\pi n}{N-1}\right)\right]R_N(n)$

（4）实践检验。如图 3-58 所示的仿真结果满足设计要求。

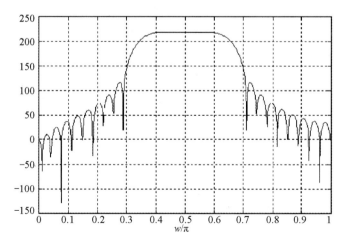

图 3-58　海明窗设计仿真

数字信号与处理

▷▷▷ **第3章 习题** ◀◀◀

1. 有一个理想的数字带通滤波器,它的通道幅度为1,通带的低频截止频率 $\omega_L = 0.2\pi$,高频截止频率 $\omega_H = 0.6\pi$。请画出这个滤波器在 $0 \leqslant \omega \leqslant 4\pi$ 的幅频特性。

2. 对语音信号通信时假设信号的采样频率 $f_s = 8\text{kHz}$,需要保留该信号 $200 \sim 3000\text{Hz}$ 的频率成分,并滤除其他部分。请问:需要一个什么类型的数字滤波器,该滤波器的采样频率和截止频率各是多少?

3. 有一个数字低通滤波器,它的幅度 $|H(\omega)|$ 最大值是1,它的通带截止频率 $\omega_p = 1\text{rad}$,通带波动 $\delta_p = 0.1$,阻带截止频率 $\omega_s = 1.5\text{rad}$,阻带波动 $\delta_p = 0.1$。请问:该滤波器的过度带有多宽?通带衰减 A_p 和阻带衰减 A_s 各是多少?3dB截止频率 ω_c 是多少?

4. 用低通滤波器充当反馈支路能得到某种音响特技回响器,如图 3-59 所示,它能产生圆润和弥漫的声音回响效果。请画出该回响器反馈支路的低通幅频特性草图,并写出低通回响器的系数函数。图中的 D 是正整数。

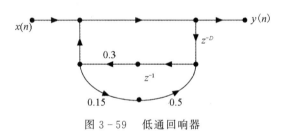

图 3-59 低通回响器

5. 请根据 IIR 滤波器的系统函数

$$H(z) = \frac{1 - 0.2z^{-1} - 0.03z^{-2}}{1 + 0.2z^{-1} - 0.03z^{-2}}$$

画出它的直接型、级联型和并联型信号流图。如果零极点是实数根,则子系统用一阶节表示。

6. 如果某个滤波器的系统函数为

$$H(z) = \ln(1 + 0.6z^{-1}) \quad (|z| > 0.6)$$

请判断它是 IIR 滤波器还是 FIR 滤波器。

7. 如图 3-60 所示是一个貌似复杂的信号流图。请通过眼睛观察,不用梅森公式,直接写出该信号流图的系统函数。

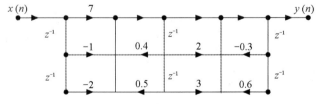

图 3-60 貌似复杂的信号流图

94

8. 车载无线电接收机的检波器输出有一个模拟低通滤波器。请根据通带截止频率 2kHz 和阻带截止频率 4kHz,通带波动 0.2 和阻带波动 0.2,用巴特沃斯滤波器设计这个模拟滤波器。

9. 从玻璃窗的振动探测讲话声音时,需要一种模拟带通滤波器。假设滤波器的通带边界是 5kHz 和 8kHz,通带最大衰减是 2dB,阻带边界是 3kHz 和 12kHz,阻带最小衰减是 20dB。请以阻带边界为频率映射关系式的基准,设计一个切比雪夫 1 型模拟带通滤波器。

10. 胎儿的心电图数据,存在基线偏移、子宫收缩、胎儿和母亲运动等干扰成分,其中基线是指有用的胎儿信号的频谱成分。干扰是因头和身体的移动、肌肉和心脏的活动、眼睛的移动等因素产生的。这些干扰影响胎儿信号,使得基线产生摇摆,产生移动的伪像。伪像占用 $0 \sim 10Hz$ 的频率范围。检测心跳的心脏活动信号能量大部分集中在 $5 \sim 50Hz$。为了容易检测出胎儿的心跳,请设计一个数字巴特沃斯高通滤波器,它对通带边界 10Hz 的衰减小于 2dB,对阻带边界 5Hz 的衰减大于 10dB。假设信号的采样频率是 200Hz。

11. 红外线探测仪在分离活动物体信号时需要一个陷波器,它的系统函数为

$$H(z) = \frac{(z-a)(z-a^*)}{(z-b)(z-b^*)} \text{（零点 } a = e^{j0.3\pi}, \text{极点 } b = 0.8e^{j0.3\pi}\text{）}$$

请计算该系统 $H(z)$ 在 $\omega = 0.5\pi$ 处的相位延时和群延时。

12. 水下鱼群探测仪有一个线性相位的高通滤波器,它的通带截止频率 $\omega_p = 0.3\pi$,通带最大衰减 $A_p = 1dB$,阻带截止频率 $\omega_s = 0.25\pi$,阻带最小衰减 $A_s = 20dB$。请用窗口法设计这个数字高通滤波器。

13. 某导弹目标跟踪系统需要配置一个第一类线性相位的数字带通滤波器,它要求低端截止频率 $\omega_{c1} = 0.2\pi$,高端截止频率 $\omega_{c2} = 0.6\pi$,通带和阻带的波动都小于 0.05,过渡带的宽度小于 0.1π。请选择一个合适的窗序列,用它设计这个数字滤波器。

第4章　多采样率信号处理

多采样率信号处理广泛应用于要求转换采样率,或要求系统工作在多采样率状态的信号处理系统中。如多种媒体——语音、视频、数据的传输,它们的频率很不相同,采样率自然不同,必须实行采样率的转换;又如信号要在两个时钟频率的数字系统中传输时,为了便于信号的处理、编码、传输和存储,要求根据时钟频率对信号的采样率加以转换;再如一种信号处理算法在系统的不同部分采用不同的采样率(如子带编码等),使处理更加有效;等等。

本章首先介绍直接在数字域对离散时间信号进行采样率转换的抽取和内插方法,然后讨论抽取滤波器与内插滤波器的设计与实现方法。由不同采样率构成的系统称为多采样率系统,大部分多采样率系统使用了滤波器组,以正交镜像滤波器组(QMF)为基础的树状结构滤波器组是一典型的多采样率系统,它与离散小波变换的关系密切。本章最后由正交镜像滤波器组的概念引入小波变换的基本原理和多分辨率分析的概念,以利于开拓思路,为进一步深入学习打下基础。

4.1　多采样率的概念

多采样率是指数字信号处理系统中存在多种采样频率的情况,简称多速率(multirate),它是面对不同的应用选择不同的采样率的策略,目的是降低数字信号处理器的成本。例如,语音信号的最高频率和频谱带宽是 $4\mathrm{kHz}$,按照采样定理,它的最低采样率是 $8\mathrm{kHz}$。但在软件无线电中,语音信号的调制、上变频、接受、下变频、解调等阶段的处理都是在数字域中进行的,各阶段的采样率是不同的。这么做的意图是降低 DSP 芯片的速度和成本,减少能耗,提高设备的效率。

多采样率技术主要用于解决多速率信号处理的问题,它的宗旨是尽量让一种速率的数字系统能够处理多种速率的信号。如何提高多速率信号的处理效率呢? 答案是: 改变数字信号的采样率,使数字信号主动地适应加工它的数字系统。

改变采样率的方法有两种:第一种是模拟法,将数字信号变回模拟信号,然后对它重新采样,获得新的采样率;第二种是数字法,在数字域中减少或者增加信号的样本,获得新的采样率。模拟法的优点是原理简单,可以获得任何采样率;缺点是它在数/模转换和模/数转换的过程中会增加新的失真。数字法的优点是精确度高、体积小;缺点是原理复杂。

采样率的应用非常广泛,在现代的数字信号处理应用中,要求系统能够处理不同采样率的信号。这种有多种采样率的系统叫作多速率系统。随着集成电路技术的发展,现在的数字系统大多是多速率系统。多速率的基本作用是改变信号在不同阶段的采样率。

4.2 离散信号的抽取与内插

4.2.1 抽取与内插的时域描述

离散序列的抽取与内插是多采样率系统中的基本运算,抽取运算将降低信号的采样频率,而内插运算将提高信号的采样频率。离散序列 $x(k)$ 的 M 倍抽取定义为

$$x_D(k) = x(Mk), k \in Z$$

其中,M 为一正整数。抽取运算框图如图 $4-1$ 所示。

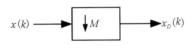

图 $4-1$ M 倍抽取运算框图

如图 $4-2$ 所示画出了 $M=3$ 时序列抽取示意。由图可知,离散序列的抽取表示保留第 M 个样本点,而去除两个样本之间的 $M-1$ 个样本点。设原离散信号 $x(k)$ 的采样周期为 T,经 M 倍抽取后的信号 $x_D(k)$ 的采样周期为 T',满足 $T'=MT$。为了强调此概念,在图 $4-2$ 中,有意将抽取后的序列的间隔画为原序列的 3 倍。这时新的采样频率 f_s' 为

$$f_s' = \frac{1}{T'} = \frac{1}{MT} = \frac{f_s}{M} \tag{4-1}$$

式中:f_s 为原有的采样频率。

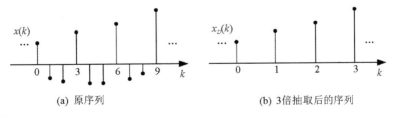

(a) 原序列　　　　　　　　　(b) 3倍抽取后的序列

图 $4-2$ 离散序列的抽取

离散序列 $x(k)$ 的 L 倍内插定义为

$$x_I(k) = \begin{cases} x(k/L), \ k = 0, \pm L, \pm 2L, \cdots \\ 0 \end{cases}$$

其中，L 为一正整数。内插运算的框图如图 4-3 所示。

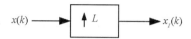

图 4-3　整数 L 倍内插运算框图

如图 4-4 所示画出了 $L=3$ 时序列内插运算示意。由图可知，原序列 $x(k)$ 中的所有样本都保留在内插后的序列 $x_I(k)$ 中，即内插运算不丢失信息。离散序列的内插运算是在原序列 $x(k)$ 的每两个样本点之间插入 $L-1$ 个零值样本点。

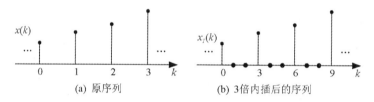

(a) 原序列　　　　　　　(b) 3倍内插后的序列

图 4-4　离散序列的内插

若对内插后的序列通过一个低通滤波器进行平滑处理，则可将序列中的零值转换为内插值，使得低通滤波后的序列的采样率是原序列的 L 倍。如果序列 $x(k)$ 的抽样间隔为 T，则低通滤波后序列的采样间隔为 $T' = T/L$。

4.2.2　抽取与内插的变换域描述

以上分析了序列抽取与内插的时域特性，下面从频域和 z 域讨论抽取与内插的变换域特性。由 z 变换的定义，M 倍抽取后的序列 $x_D(k)$ 的 z 变换 $X_D(z)$ 为

$$X_D(z) = \sum_{k=-\infty}^{\infty} x_D(k) z^{-k} = \sum_{k=-\infty}^{\infty} x(Mk) z^{-k}$$

$$= \sum_{\infty} x(n) z^{-\frac{n}{M}} = \sum_{n=-\infty}^{\infty} x(n) \tilde{\delta}_M(n) z^{-\frac{n}{M}}$$

式中：$\tilde{\delta}_M(n)$ 是周期为 M 的单位脉冲序列。由离散傅里叶级数可知，$\tilde{\delta}_M(n)$ 可以表示为

$$\tilde{\delta}_M(n) = \frac{1}{M} \sum_{l=0}^{M-1} e^{j2\pi nl/M}$$

代入可得

$$X_D(z) = \frac{1}{M} \sum_{n=-\infty}^{\infty} \sum_{l=0}^{M-1} x(n) e^{j2\pi nl/M} z^{-\frac{n}{M}} = \frac{1}{M} \sum_{l=0}^{M-1} X\left(e^{-j\frac{2\pi}{M}l} z^{\frac{1}{M}}\right)$$

将 $z = e^{j\omega}$ 代入式 $X_D(z) = \dfrac{1}{M} \displaystyle\sum_{n=-\infty}^{\infty} \sum_{l=0}^{M-1} x(n) e^{j2\pi nl/M} z^{-\frac{n}{M}} = \dfrac{1}{M} \sum_{l=0}^{M-1} X(e^{-j\frac{2\pi}{M}l} z^{\frac{1}{M}})$ 可得 M 倍抽取后序列 $x_D(k)$ 的频谱为

$$X_D(e^{j\omega}) = \frac{1}{M} \sum_{l=0}^{M-1} X(e^{j\frac{\omega-2\pi l}{M}}) \qquad (4-2)$$

式(4-2)表明,M 倍抽取后序列 $x_D(k)$ 的频谱可由下列步骤获得:

(1) 将 $X(e^{j\omega})$ 扩展 M 倍得到 $X(e^{j\omega/M})$,$X(e^{j\omega/M})$ 的周期为 $2\pi M$。

(2) 将 $X(e^{j\omega/M})$ 右移 2π 的整数倍得到 $\{X(e^{j(\omega-2\pi l)/M}); l = 0,1,\cdots,M-1\}$。

(3) 将(2)中的 M 个周期为 $2\pi M$ 的函数相加并乘以因子 $1/M$,得到周期为 2π 的 M 倍抽取后序列的频谱 $X_D(e^{j\omega})$。

如图4-5所示画出了3倍抽取后序列的频谱。由图可知,抽取后序列的频谱没有混叠。一般地,如果低频信号 $x(n)$ 的频谱是带限的,即在区间 $[-\pi,\pi]$ 范围内有

$$X(e^{j\omega}) = 0, \ |\omega| > \pi/M$$

则 M 倍抽取后信号的频谱不会发生混叠。式 $X(e^{j\omega}) = 0, \ |\omega| > \pi/M$ 称为序列 M 倍抽取不混叠的 Nyquist 条件。

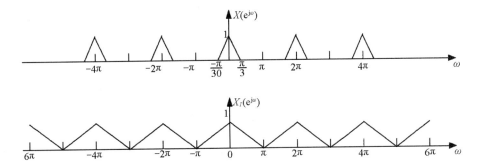

图4-5　原序列的频谱和3倍抽取后序列的频谱

由 z 变换的定义,L 倍内插后的序列 $x_I(n)$ 的 z 变换 $X_I(z)$ 表示为

$$X_I(z) = \sum_{n=-\infty}^{\infty} x_I(n) z^{-n} = \sum_{\substack{n=-\infty \\ n=mL, m\in\mathbb{I}}}^{\infty} x(n/L) z^{-n} = \sum_{m=-\infty}^{\infty} x(m) z^{-mL} = X(z^L) \quad (4-3)$$

将 $z = e^{j\omega}$ 代入式 $X_I(z) = \displaystyle\sum_{n=-\infty}^{\infty} x_I(n) z^{-n} = \sum_{\substack{n=-\infty \\ n=mL, m\in\mathbb{I}}}^{\infty} x(n/L) z^{-n} = \sum_{m=-\infty}^{\infty} x(m) z^{-mL} = X(z^L)$

可得 L 倍内插后的序列 $x_I(n)$ 的频谱为

$$X_I(e^{j\omega}) = X(e^{j\omega L})$$

式(4-3)表明 L 倍内插后的序列 $x_I(n)$ 的频谱 $X_I(e^{j\omega})$ 是原序列频谱 $X(e^{j\omega})$ 的 L 倍压缩。

如图 4-6 所示画出了 $L=4$ 时,原序列的频谱和内插后序列的频谱。由图可知,内插后序列在区间 $[-\pi/4,\pi/4]$ 内的频谱,是由原信号在区间 $[-\pi,\pi]$ 的频谱压缩 4 倍得到的。除了相差一个尺度因子外,两个频谱的形状保持不变。由于原序列频谱 $X(e^{j\omega})$ 的周期为 2π,因而 $X(e^{j4\omega})$ 的周期为 $\pi/2$。内插序列的区间 $[-\pi/4,\pi/4]$ 将在区间 $[-\pi,-\pi/4]$ 和 $[\pi/4,\pi]$ 内重复 3 次,这些重复的部分称为镜像频谱。

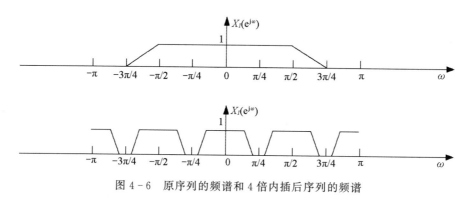

图 4-6 原序列的频谱和 4 倍内插后序列的频谱

4.3 抽取滤波器与内插滤波器

4.3.1 抽取滤波器

通常抽取后的离散序列的频谱将会出现混叠。为了避免混叠,可在信号抽取前利用低通滤波器对信号进行滤波,如图 4-7 所示。该滤波器称为抽取滤波器。

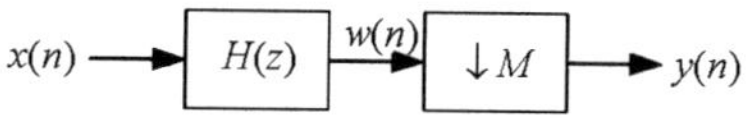

$$x(n) \longrightarrow \boxed{H(z)} \xrightarrow{w(n)} \boxed{\downarrow M} \longrightarrow y(n)$$

图 4-7 M 倍抽取滤波系统

由图 4-7 可知,抽取滤波器可以是载频为 π/M 的理想低通滤波器,其频率响应为

$$H(e^{j\omega}) = \begin{cases} 1, & |\omega| \leqslant \dfrac{\pi}{M} \\ 0, & \dfrac{\pi}{M} < |\omega| \leqslant \pi \end{cases}$$

如果低通滤波器的单位冲激响应为 $h(n)$,则滤波器的输出 $w(n)$ 为

$$w(n) = \sum_{k=-\infty}^{\infty} h(k)x(n-k) \tag{4-4}$$

最后的输出 $y(m)$ 为

$$y(m) = w(mM) \tag{4-5}$$

将式(4-4)和式(4-5)合并,则得到 $y(m)$ 与 $x(n)$ 之间的关系为

$$y(m) = \sum_{k=-\infty}^{\infty} h(k)x(Mm-k) = \sum_{k=-\infty}^{\infty} h(Mm-k)x(k) \qquad (4-6)$$

式(4-6)表明,在计算 M 倍抽取滤波器的输出时,只需计算抽取滤波器每 M 个输出中的一个样本,利用

$$W(z) = H(z)X(z)$$

并根据 $Y(z) = \dfrac{1}{M}\sum_{l=0}^{M-1} W(e^{-j2\pi l/M}z^{\frac{1}{M}}) = \dfrac{1}{M}\sum_{l=0}^{M-1} H(e^{-j2\pi l/M}z^{\frac{1}{M}})X(e^{-j2\pi l/M}z^{\frac{1}{M}})$,有

$$Y(z) = \frac{1}{M}\sum_{l=0}^{M-1} W(e^{-j2\pi l/M}z^{\frac{1}{M}}) = \frac{1}{M}\sum_{l=0}^{M-1} H(e^{-j2\pi l/M}z^{\frac{1}{M}})X(e^{-j2\pi l/M}z^{\frac{1}{M}})$$

z 在单位圆上取值,即 $z = e^{j\omega}$ 时,可得

$$Y(e^{j\omega}) = \frac{1}{M}\sum_{l=0}^{M-1} H(e^{j\frac{\omega-2\pi l}{M}})X(e^{j\frac{\omega-2\pi l}{M}}) \qquad (4-7)$$

式(4-7)是对输入信号 $x(n)$ 进行滤波、抽取后的频域表达式。

4.3.2 内插滤波器

信号的内插不会引起频谱的混叠,但会产生镜像频谱,如图4-6所示。为了消除这些镜像频谱,可将内插后的信号通过低通滤波器,如图4-8所示。该低通滤波器称为内插滤波器。由图4-6可知,内插滤波器可以是截止频率为 π/L 的理想低通滤波器。该滤波器可以滤除信号 $w(n)$ 频谱中的镜像频谱,仅保留 $[-\pi/L, \pi/L]$ 范围内的频谱。

内插滤波器的频率响应为

$$H(e^{j\omega}) = \begin{cases} G, & |\omega| \leqslant \dfrac{\pi}{L} \\ 0, & \text{其他} \end{cases} \qquad (4-8)$$

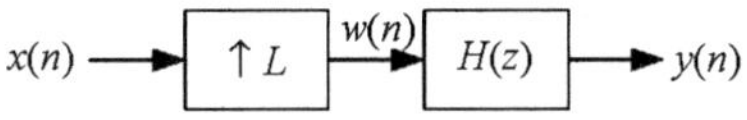

图4-8 L 倍内插滤波系统

根据图4-8可知:

$$Y(e^{j\omega}) = H(e^{j\omega})W(e^{j\omega}) = H(e^{j\omega})X(e^{j\omega L}) \qquad (4-9)$$

根据式(4-8)和式(4-9),可近似得出:

$$Y(e^{j\omega}) \approx \begin{cases} GX(e^{j\omega L}), & |\omega| \leqslant \dfrac{\pi}{L} \\ 0, & \text{其他} \end{cases}$$

那么在 $n = 0$ 时刻,有

$$y(0) = \frac{1}{2\pi} \int_{-\pi}^{\pi} Y(e^{j\omega'}) d\omega' = \frac{G}{2\pi} \int_{-\pi/L}^{\pi/L} X(e^{j\omega'L}) d\omega'$$

$$= \frac{G}{2\pi} \frac{\int_{-\pi}^{\pi} X(e^{j\omega}) d\omega}{L} = \frac{Gx(0)}{L}$$

因此,如果要求 $y(0) = x(0)$,则应有 $G = L$,即对理想的内插器要求能恢复内插前的信号,增益 G 必须等于 L。

若设内插滤波器的单位冲激响应为 $h(n)$,则

$$y(n) = \sum_{k=-\infty}^{\infty} h(n-k) w(k)$$

由式(4-1)和式(4-4),可得

$$y(n) = \sum_{k=-\infty}^{\infty} h(n-k) x\left(\frac{k}{L}\right) = \sum_{r=-\infty}^{\infty} h(n-rL) x(r)$$

式中:k 是 L 的整数倍。

由于内插滤波器的输入信号 $w(n)$ 中每 L 个样本中只有一个非 0 样本,所以内插滤波器的计算量只有常规系统的 $1/L$。

4.3.3 有理数倍抽样率转换

给定信号 $x(n)$,若希望将抽样率转变为 L/M 倍,可以通过把 M 倍抽取和 L 倍内插结合起来得到。一般是先做 L 倍的插值,再做 M 倍的抽取。这是因为先抽取会使 $x(n)$ 的数据点减少,会产生信息的丢失,并且可能产生频率响应的混叠失真。例如,如果 $x(n)$ 的抽样频率 $f_s = 2f_h$,此时 $x(n)$ 的基带正好在容许的频带上限之内,即在折叠频率 $|\omega| \leqslant \pi$ 以内,现在要将 $x(n)$ 的抽样频率转换为 $3f_s/2$,此时 $M=2, L=3$。如果先做 2 倍抽取,则会先丢失掉一些数据,而且信号的数字频带要增加 2 倍,必然产生混叠失真。为了不产生混叠失真,必须将防混叠的低通滤波器频带限制在 $|\omega| \leqslant \pi/2$ 内,这样会丢失很多信息。如果先做 3 倍插值,使数字频带先缩小 3 倍,再做 2 倍抽取,则信号的数字频带变成原信号数字频带的 2/3,因而不会产生混叠失真。所以,应先对信号做 L 倍的插值,再做 M 倍抽取,结构上就是两者的级联。如图 4-9 所示实现以有理数 L/M 来改变采样率的系统,新系统输出信号的采样率为 $f_s' = Lf_s/M$。

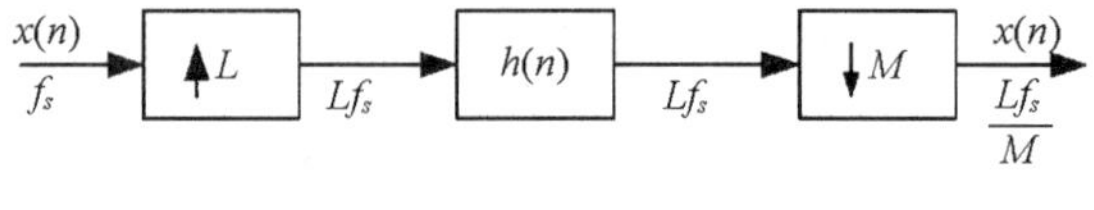

$$x(n) \xrightarrow{f_s} \boxed{\uparrow L} \xrightarrow{Lf_s} \boxed{h(n)} \xrightarrow{Lf_s} \boxed{\downarrow M} \xrightarrow{x(n) \atop \frac{Lf_s}{M}}$$

图 4-9 有理数倍 L/M 采样率转换框图

图 4-9 中将内插后的抗镜像滤波器和抽取前的抗混叠滤波器合并为一个数字低通滤

波器 $h(n)$。由于此滤波器同时用作插值和抽取的运算，因而，它的理想频率响应为

$$H(e^{j\omega}) = \begin{cases} L, & |\omega| \leqslant \min\{\pi/L, \pi/M\} \\ 0, & \text{其他} \end{cases}$$

4.3.4　抽取滤波器的 FIR 结构和多相结构

从前面的讨论可以知道，抽取器需要一个数字低通滤波器用于滤除可能会引起混叠失真的频谱分量。FIR 滤波器十分稳定，容易实现线性相位特性，特别是连同抽取器一起，采用合理的结构，可以大大提高运算效率。

对于图 4 - 7 的 M 倍抽取器的直接型 FIR 滤波器的实现结构如图 4 - 10(a) 所示。这个直接型 FIR 滤波器结构清晰、概念明白，实现也很简单。但这是 $h(n)$ 工作在高采样率状态，$x(n)$ 的每一个采样点均要和 FIR 滤波器的系数相乘。而滤波器输出中，每 M 个样值中只抽取一个作为最终的输出 $y(m)$，丢弃了其中 $M-1$ 个样值，所以该结构效率很低。

为了提高直接型 FIR 滤波器结构的运算效率，将图 4 - 10(a) 中抽取操作嵌入 FIR 滤波器结构中，如图 4 - 10(b) 所示，由级联的延迟器 z^{-1} 移入各抽头的 $x(n)$ 先做抽取，再和 $h(n)$, $n=0,1,\cdots,N-1$ 相乘，由于工作在低采样率状态，系统的运算速率降低了 M 倍。FIR 滤波器则可写成

$$y(m) = \sum_{k=0}^{N-1} h(k) x(Mm - k)$$

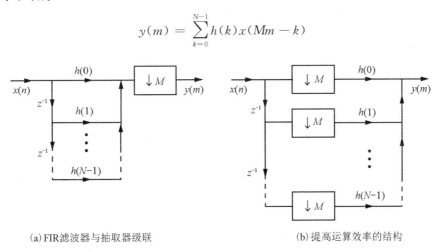

(a) FIR滤波器与抽取器级联　　　　(b) 提高运算效率的结构

图 4 - 10　抽取的 FIR 结构

多相滤波器结构是按整数因子抽取的另一种高效实现结构。

通常取 N 是 M 的整数倍，若令式 $y(m) = \sum\limits_{k=0}^{N-1} h(k) x(Mm - k)$ 中的 $k = Mq + i$, $i = 0$, $1,\cdots,M-1$, $q = 0,1,\cdots,\dfrac{N}{M}-1$, 则

$$y(m) = \sum_{k=0}^{N-1} h(k)x(Mm-k)$$

$$= \sum_{i=0}^{M-1} \sum_{q=0}^{\frac{N}{M}-1} h(Mq+i)x[M(m-q)-i]$$

令 $h_i(m) = h(mM+i)$，$i=0,1,\cdots,M-1$，$m=0,1,\cdots,\frac{N}{M}-1$ 为多相滤波器的子滤波器的单位脉冲响应，如 $h_0(m) = \{h(0),h(M),h(2M),\cdots,h(N-M)\}$，且

$$x_i(m) = x(mM-i),\quad i=0,1,\cdots,M-1$$

则式 $x_i(m) = x(mM-i)$，$i=0,1,\cdots,M-1$ 可以写成 M 个子载波的和的形式：

$$y(m) = \sum_{i=0}^{M-1} \sum_{k=0}^{\frac{N}{M}-1} h_i(k)x_i(m-k) = \sum_{i=0}^{M-1} y_i(m)$$

式中：$y_i(m) = \sum_{k=0}^{\frac{N}{M}-1} h_i(k)x_i(m-k)$ 为子滤波器输出。抽取器的多相滤波器结构如图 4-11 所示。

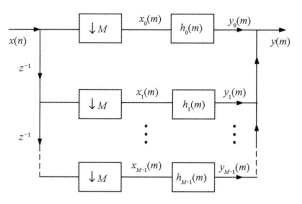

图 4-11　抽取器的多相滤波器结构

4.3.5　内插滤波器的 FIR 结构和多相结构

根据图 4-8 得到按整数因子 L 内插系统的直接型 FIR 滤波器结构，如图 4-12(a)所示，其中 FIR 滤波器采用了转置型结构。该结构中 $x(n)$ 插零后再进行滤波，使得 FIR 滤波器要和大量的零值相乘，FIR 滤波器以高采样率运行，该结构效率较低。

类似抽取滤波器的 FIR 结构，将图 4-12(a)内插器嵌入 FIR 滤波器结构中的 N 个乘法器之后，得到如图 4-12(b)所示的结构，$h(n)$ 以低的运算速率与 $x(n)$ 相乘后再插零，运算速率降低了 L 倍。

仿照抽取器的多相滤波器结构，取内插因子为 L 的低通滤波器 $h(n)$ 的长度 N（为 L 的整数倍），则可以分解成 L 个子滤波器：

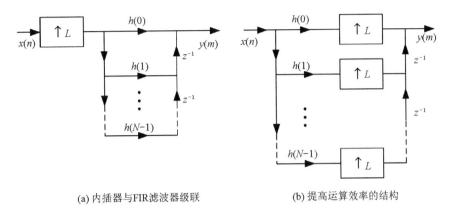

(a) 内插器与FIR滤波器级联　　　　(b) 提高运算效率的结构

图 4 - 12　内插的 FIR 结构

$$h_i(n) = h(nL + i), \, i = 0,1,\cdots,L-1, \, n = 0,1,\cdots,\frac{N}{L}-1$$

由图 4 - 12(b)得到如图 4 - 13 所示内插器的多相滤波器结构,图中

$$y_i(n) = \sum_{k=0}^{\frac{N}{L}-1} h_i(k)x(n-k), \, i = 0,1,\cdots,L-1$$

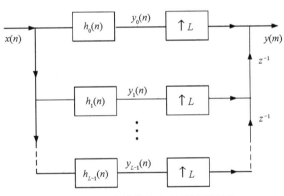

图 4 - 13　内插器的多相滤波器结构

4.4　正交镜像滤波器组

4.4.1　数字滤波器组的一般概念和定义

数字滤波器组在语音分析、数据压缩、信号传输等领域均有应用。M 通道滤波器组的基本结构如图 4 - 14 所示。$H_0(z)$、$H_1(z)$、$\cdots$、$H_{M-1}(z)$ 组成了分析滤波器组,输入信号 $x(n)$ 通过这一组滤波器后,得到的 $x_0(m)$、$x_1(m)$、$\cdots$、$x_{M-1}(m)$ 是 $x(n)$ 的子带信号;而合成过程则在滤波器组的综合滤波器中完成,$\hat{x}(n)$ 表示该综合滤波器的输出信号。一般来说,各路信

号的采样率与输入或输出信号的采样率是不同的,因此,系统本质上是多采样率的。设计滤波器组的一个重要任务或基本准则,是综合应用分析滤波器组 $H_0(z)$、$H_1(z)$、$\cdots$、$H_{M-1}(z)$ 和综合滤波器组 $G_0(z)$、$G_1(z)$、$\cdots$、$G_{M-1}(z)$,抵消或尽可能地抑制混叠失真。

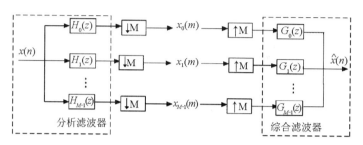

图 4-14　M 通道滤波器组对信号分解和综合示意

4.4.2　正交镜像滤波器组

如果 $M=2$,图 4-14 的 M 通道滤波器组就简化为两通道滤波器组,如图 4-15(a)所示。利用前述信号抽取与内插理论,可得到两通道滤波器组的输入与输出关系为

$$\hat{X}(z) = \frac{1}{2}\{H_0(z)G_0(z) + H_1(z)G_1(z)\}X(z) +$$

$$\frac{1}{2}\{H_0(-z)G_0(z) + H_1(-z)G_1(z)\}X(-z) \qquad (4-10)$$

式中:$X(-z)$ 分量是由抽取过程中的混叠产生的响应,称为混叠项。

式(4-10)表明,为了消除混叠项对输出的影响,系统需满足:

$$H_0(-z)G_0(z) + H_1(-z)G_1(z) = 0 \qquad (4-11)$$

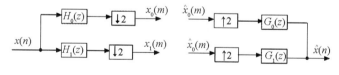

(a)结构原理

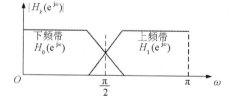

(b)镜像对称的幅频响应

图 4-15　正交镜像滤波器组

为满足式(4-11)的约束条件,存在多种选择方案。一种简单的选择方案为

$$G_0(z) = H_1(-z), \quad G_1(z) = -H_0(-z)$$

这样即可消除混叠失真对整个系统输出响应的影响。滤波器组输出项中无混叠项的滤波器组称为无混叠滤波器组。

对于两通道无混叠滤波器组,若分析滤波器组满足:

$$H_1(z) = H_0(-z) \tag{4-12}$$

则称该滤波器组为 $\pi/2$ 镜像滤波器组。当 $h_0(k)$ 为实系数时,式(4-12)意味着

$$|H_1(e^{j\omega})| = |H_0(e^{j(\pi-\omega)})|$$

即它们的幅度响应关于 $\pi/2$ 镜像对称,如图4-15(b)所示。如果 $H_0(e^{j\omega})$ 和 $H_1(e^{j\omega})$ 两者没有重合,即当 $\pi/2 \leqslant \omega \leqslant \pi$ 时,$H_0(e^{j\omega}) \equiv 0$,则 $H_0(e^{j\omega})$ 和 $H_1(e^{j\omega})$ 是正交的,称为正交镜像滤波器组(Quadrature Mirror Filter Bank,QMFB)。在实际应用中,$H_0(e^{j\omega})$ 和 $H_1(e^{j\omega})$ 可以有少量重叠。

令 $X(e^{j\omega})$、$X_0(e^{j\omega})$、$X_1(e^{j\omega})$、$H_0(e^{j\omega})$ 和 $H_1(e^{j\omega})$ 分别是 $x(n)$、$x_0(m)$、$x_1(m)$、$h_0(n)$ 和 $h_1(n)$ 的DTFT,可以得到:

$$X_0(e^{j\omega}) = \frac{1}{2}\{X(e^{j\omega/2})H_0(e^{j\omega/2}) + X[e^{j(\omega+2\pi)/2}]H_0[e^{j(\omega+2\pi)/2}]\}$$

$$X_1(e^{j\omega}) = \frac{1}{2}\{X(e^{j\omega/2})H_1(e^{j\omega/2}) + X[e^{j(\omega+2\pi)/2}]H_1[e^{j(\omega+2\pi)/2}]\}$$

类似地,令 $\hat{X}_0(e^{j\omega})$、$\hat{X}_1(e^{j\omega})$、$G_0(e^{j\omega})$ 和 $G_1(e^{j\omega})$ 分别是 $\hat{x}_0(m)$、$\hat{x}_1(m)$、$g_0(n)$ 和 $g_1(n)$ 的DTFT,得到综合关系式为

$$\hat{X}(e^{j\omega}) = \hat{X}_0(e^{j2\omega})G_0(e^{j\omega}) + \hat{X}_1(e^{j2\omega})G_1(e^{j\omega})$$

用分析器的输出作为综合器的输入,即 $\hat{x}_0(m) = x_0(m)$,$\hat{x}_1(m) = x_1(m)$,可以得到滤波器组的输入输出频域关系式为

$$\hat{X}(e^{j\omega}) = \frac{1}{2}[H_0(e^{j\omega})G_0(e^{j\omega}) + H_1(e^{j\omega})G_1(e^{j\omega})]X(e^{j\omega}) +$$

$$\frac{1}{2}\{H_0[e^{j(\omega+\pi)}]G_0(e^{j\omega}) + H_1[e^{j(\omega+\pi)}]G_1(e^{j\omega})\}X[e^{j(\omega+\pi)}] \tag{4-13}$$

式(4-13)中的第一项代表从 $X(e^{j\omega})$ 到 $\hat{X}(e^{j\omega})$ 的有用信号变换,第二项则代表不希望出现的频域混叠分量。

为了去除不希望出现的频域混叠分量,必须满足:

$$H_0[e^{j(\omega+\pi)}]G_0(e^{j\omega}) + H_1[e^{j(\omega+\pi)}]G_1(e^{j\omega}) = 0 \tag{4-14}$$

只要仔细选择滤波器,将这个关系式中的前后两项抵消掉,就可以实现这个条件。通常可先设计一公共低通滤波器 $h(n)$,再由它得到所有的分析和综合滤波器,即

$$h_0(n) = h(n)$$

$$h_1(n) = (-1)^n h(n)$$

是等效的，它们的 DTFT 满足：

$$H_0(e^{j\omega}) = H(e^{j\omega}) \tag{4-15}$$

$$H_1(e^{j\omega}) = H[e^{j(\omega+\pi)}] \tag{4-16}$$

上面的条件表明，滤波器 $H_0(e^{j\omega})$ 和 $H_1(e^{j\omega})$ 关于频率 $\omega = \pi/2$ 是镜像对称的，如图 4-15(b) 所示。

将式(4-15)和式(4-16)代入式(4-13)，得

$$H[e^{j(\omega+\pi)}]G_0(e^{j\omega}) + H(e^{j\omega})G_1(e^{j\omega}) = 0 \tag{4-17}$$

下面说明对 $G_0(e^{j\omega})$ 和 $G_1(e^{j\omega})$ 的要求。因为 $G_0(e^{j\omega})$ 必须是一个低通滤波器，所以令

$$G_0(e^{j\omega}) = 2H(e^{j\omega}) \tag{4-18}$$

或等效为

$$g_0(n) = 2h(n)$$

式中：2 是与内插滤波器有关的增益因子。将式(4-18)代入式(4-17)中，得

$$G_1(e^{j\omega}) = -2H[e^{j(\omega+\pi)}]$$

从中可以看出，$G_1(e^{j\omega})$ 必须具有高通性质，其冲激响应为

$$g_1(n) = -2(-1)^n h(n)$$

因此，在图 4-15 中分析和综合滤波器的设计转换为对公共低通滤波器 $H(e^{j\omega})$ 的设计。将式(4-15)、式(4-16)、式(4-18)和式 4-(19)代入下式：

$$\hat{X}(e^{j\omega}) = \frac{1}{2}\big[H_0(e^{j\omega})G_0(e^{j\omega}) + H_1(e^{j\omega})G_1(e^{j\omega})\big]X(e^{j\omega}) +$$

$$\frac{1}{2}\big\{H_0[e^{j(\omega+\pi)}]G_0(e^{j\omega}) + H_1[e^{j(\omega+\pi)}]G_1(e^{j\omega})\big\}X[e^{j(\omega+\pi)}]$$

得到这种正交镜像滤波器组最终的输入和输出关系为

$$\hat{X}(e^{j\omega}) = \big\{H^2(e^{j\omega}) - H^2[e^{j(\omega+\pi)}]\big\}X(e^{j\omega}) \tag{4-19}$$

这里代表混叠的第二项已被消去，这意味着在分析结构中由抽取引起的混叠分量被综合结构中内插引起的镜像分量精确地抵消掉了。由式(4-19)可以看到，在低通滤波器 $H(e^{j\omega})$ 满足条件 $|H^2(e^{j\omega}) - H^2[e^{j(\omega+\pi)}]| = 1$ 时，分析和综合滤波器组构成的系统其增益将变成 1。一般希望 $H(e^{j\omega})$ 逼近理想低通条件：

$$|H(e^{j\omega})| = \begin{cases} 1, 0 \leqslant \omega \leqslant \dfrac{\pi}{2} \\ 0, \dfrac{\pi}{2} < \omega \leqslant \pi \end{cases}$$

4.5 离散小波变换

4.5.1 连续小波变换

在用 DFT 对信号进行频谱分析时,要提高频率分辨率就必须加大信号时间截取的长度,这意味着信号分析只能得到某一时间段上信号所包含的频率成分,截取长度越大,关于某一频率分量的时间定位精确度就越低,即时间分辨率降低。小波变换将时域信号变换到时—频域中,克服了 DFT 的不足,对于不同的时间和不同的频率具有不同的精确度,可以同时获得信号时域特性和频域特性。

对一个平方可积函数 $f(t)$ 进行小波变换,就是用一个母小波函数 $\psi(t)$ 的伸缩平移函数族 $\{\psi_{a,b}(t)\}$ 来对其进行展开,记为

$$WT\{f(t),\psi_{a,b}(t)\} = \langle f(t),\psi_{a,b}(t)\rangle = \int_{-\infty}^{\infty} f(t)\psi_{a,b}(t)\mathrm{d}t$$

式中: $\psi_{a,b}(t) = \dfrac{1}{\sqrt{a}}\psi\left(\dfrac{t-b}{a}\right)$, b 为时间平移, a 为时间伸缩; $\langle \cdot , \cdot \rangle$ 表示两个函数的内积。母小波函数 $\psi(t)$ 必须满足一定的要求,实际上存在着许多母小波函数,因而有许多小波变换,并具有不同的特征。显然参数 a 为一折中参数,在时间精度和频率分辨率之间取得折中。

这样一个连续参数 a 和 b 的小波变换具有相当大的冗余性,相应的反变换也不是唯一的,因此实用性不高。下面将重点讨论二进小波。

4.5.2 多分辨率分析

Mallat 提出了用多分辨率分析(或逼近)概念定义小波,将以前的各种正交小波基构造统一了起来,并给出了分解和重构算法。

令 R 表示实数域, Z 表示整数域, $f(t) \in L^2(R)$。多分辨率分析建立在以下三个基本假设的基础上:

(1) 存在着一簇具有不同分辨率的子空间,满足:

$$V_{-\infty} \subset \cdots \subset V_{-2} \subset V_{-1} \subset V_{-0} \subset V_1 \subset V_2 \subset \cdots V_{-\infty} \subset = L^2(R) \qquad (4-20)$$

每一个子空间具有不同的基向量,它们给定了不同的时间分辨率。当下标 i 增加,空间 V_i 的时间分辨率也增加。

(2) 存在着一个尺度函数 $\varphi(t)$,以及它的整数平移:

$$\varphi_k(t) = \varphi(t-k), k \in Z$$

构成空间 V_0 的一组正交基 $\{\varphi_k(t)\}$，满足 $\langle \varphi_k, \varphi_l \rangle = \delta_H, k, l \in Z$。

（3）伸缩规则性：

$$f(t) \in V_i \leftrightarrow f(2t) \in V_{i+1}$$

利用伸缩规则性和尺度函数产生了 V_0 空间正交基的特性，可以立即得到所有空间 V_i 的基的集合：

$$\varphi_{i,k}(t) = 2^{i/2} \varphi(2^i t - k), i, k \in Z$$

函数 $\varphi_{i,k}(t)$ 代表空间 V_i 的一个正交基。因此有 $\langle \varphi_{ik}, \varphi_l \rangle = \delta_H, k, l \in Z$。式中的 $2^{i/2}$ 保证模 $\| \varphi_{i,k}(t) \|$ 总为 1，它独立于下标 i 与 k。

由于 $\varphi(t) \in V_0, V_0 \subset V_1$，并且函数 $2^{1/2} \varphi(2t - n), n \in Z$，在 V_1 空间 $\varphi(t)$ 可以表示成函数 $\varphi(2t - n)$ 的线性组合：

$$\varphi(t) = \sum_n \bar{h}_0(n) \varphi(2t - n)$$

式中：$\bar{h}_0(n)$ 为线性组合系数。

利用引入的基，一个信号 $f(t) \in V_i$ 可以表示为

$$f(t) = \sum_m \alpha_i(m) \varphi_{i,m}(t) \tag{4-21}$$

式中：$\alpha_i(m) = \langle f(t), \varphi_{i,m}(t) \rangle$ 为展开系数。进一步，$f(t)$ 也是 V_{i+1} 空间上的分量，从而也可以展开为

$$f(t) = \sum_n \alpha_{i+1}(n) \varphi_{i+1,n}(t)$$

与函数 $\varphi(2^i t)$ 相比，函数 $\varphi(2^{i+1} t)$ 沿着时间轴压缩了 2 倍，因此在 V_{i+1} 空间上的信号的时间分辨率是 V_i 空间上的 2 倍。由于子空间上的分辨率以 2 的幂次增加，因而称为二进尺度函数或二进多分辨率。

4.5.3　二进小波

对每一子空间 $V_i \subset V_{i+1}$，可以将 V_{i+1} 表示成 V_i 与它的正交补空间的直和，即

$$V_{i+1} = V_i \oplus W_i, i \in Z$$

和 V_i 一样，希望找到一个确定的函数 $\psi(t) \in W_0$，使得每个 $i \in Z$，叫函数系：

$$\psi_{i,k}(t) = 2^{i/2} \psi(2^i t - k) i, k \in Z$$

构成空间 W_i 的正交基。这里 $\psi(t)$ 是前面介绍的母小波函数。因此，对于一个信号 $f(t) \in W_i$，可以写成

$$f(t) = \sum_m \beta_i(m) \psi_{i,m}(t) \tag{4-22}$$

式中：$\beta_i(m) = \langle f(t), \psi_{i,m}(t) \rangle$。

由于 $W_i \subset V_{i+1}$，信号 $f(t) \in W_i$ 也可以在 V_{i+1} 空间中由尺度函数 $\varphi_{i+1,k}(t)$ 展开。对于 $i=k=0$ 的母小波函数，也可以在空间 V_1 中表示为

$$\psi(t) = \sum_n \overline{h}_1(n)\varphi(2t-n)$$

式中：$\overline{h}_1(n)$ 为线性组合系数。类似地，V_i 空间也可分解成直和的形式 $V_i = V_{i-1} \oplus W_{i-1}$，$V_{i-1}$ 也可进一步分解。根据式(4-21)，信号空间可以表示为

$$L^2(R) = V_j \oplus W_j \oplus W_{j+1} \oplus \cdots \oplus W_{-1} \oplus W_0 \oplus W_1 \oplus \cdots \quad (4-23)$$

式中：下标 j 是任意的，表示分解的深度。

由式(4-22)、式(4-23)和式(4-24)可知，对于任意平方可积信号 $f(t) \in L^2(R)$，都可以用尺度函数与小波函数线性表示为

$$f(t) = \sum_m \alpha_j(m)\varphi_{j,m}(t) + \sum_{i=j}^{\infty}\sum_m \beta_i(m)\psi_{i,m}(t) \quad (4-24)$$

式中：$\sum_m \alpha_j(m)\varphi_{j,m}(t)$ 对应信号 $f(t)$ 的低频分量，是信号 $f(t)$ 的最粗略近似，由低分辨率的尺度信号 $\varphi_{j,m}(t)$ 表示；$\sum_{i=j}^{\infty}\sum_m \beta_i(m)\psi_{i,m}(t)$ 对应信号 $f(t)$ 的高频分量，由具有更高分辨率的一系列不同尺度的小波信号 $\psi_{i,m}(t)$ 表示，随着尺度 j 的增加，能表示信号 $f(t)$ 中更丰富的细节。也就是说，展开系数 $\alpha_j(m)$ 反映了信号 $f(t)$ 中的低频分量的分布情况，而展开系数 $\beta_i(m)$ 反映了信号 $f(t)$ 中的高频分量的分布情况，这些展开系数就是信号 $f(t)$ 的离散小波变换(Discrete Wavelet Transform，DWT)。

4.5.4 二进小波变换与滤波器组

在信号的小波分析中，实际上并不直接利用小波函数 $\psi(t)$ 和尺度函数 $\varphi(t)$ 计算信号的 DWT，而是利用其对应的小波函数系数 $h_1(n)$ 和尺度函数系数 $h_0(n)$。

设 $f(t) \in V_{i+1}$ 空间，有：

$$f(t) = \sum_n \alpha_{i+1}(n)\varphi_{i+1,n}(t) \quad (4-25)$$

式中：系数 $\alpha_{i+1}(n)$ 必须已知。由于 $V_{i+1} = V_i \oplus W_i$，这一信号可以唯一表示成两子空间的投影和的形式，这里的投影被展开成各自的基的展开式，即

$$f(t) = \sum_m \alpha_i(m)\varphi_{i,m}(t) + \sum_m \beta_i(m)\psi_{i,m}(t) \quad (4-26)$$

实际上，投影是由已知系数 $\alpha_{i+1}(n)$ 来计算未知系数 $\alpha_i(m)$ 和 $\beta_i(m)$。

根据 $\varphi(t) = \sum_n \overline{h}_0(n)\varphi(2t-n)$，$V_i$ 空间的基函数 $\varphi_{i,m}(t)$ 可由 V_{i+1} 空间的基函数 $\varphi_{i+1,m}(t)$ 递推得到。将其代入 $\varphi_{i,k}(t) = 2^{i/2}\varphi(2^i t - k) i, k \in Z$，得

$$\varphi_{i,m}(t) = 2^{i/2}\varphi(2^i t - m) = 2^{i/2}\sum_l \overline{h}_0(l)\varphi(2^{i+1}t - 2m - l) \qquad (4-27)$$

将关系式 $2m+l=n$ 和 $h_0(l)=2^{-1/2}\overline{h}_0(l)$ 代入式(4-28)，得

$$\varphi_{i,m}(t) = \sum_n h_0(n-2m) \cdot 2^{(i+1)/2}\varphi(2^{i+1}t - n)$$

$$= \sum_n h_0(n-2m) \cdot \varphi_{i+1,n}(t) \qquad (4-28)$$

同理，W_i 空间中的基函数 $\psi_{i,m}(t)$ 可以相应于 V_{i+1} 空间展开成

$$\varphi_{i,m}(t) = \sum_n h_1(n-2m) \cdot \varphi_{i+1,n}(t)\varphi_{i,m}(t) = \sum_n h_1(n-2m) \qquad (4-29)$$

则展开系数 $\alpha_i(m)$ 可写成

$$\alpha_i(m) = \langle f(t), \varphi_{i,m}(t)\rangle = \langle f(t), \sum_n h_0(n-2m) \cdot \varphi_{i+1,n}(t)\rangle$$

$$= \sum_n h_0(n-2m) \cdot \langle f(t), \varphi_{i+1,n}(t)\rangle$$

$$= \sum_n h_0(n-2m) \cdot \alpha_{i+1}(n)$$

$$= h_0(-n) \ast \alpha_{i+1}(n)\big|_{n=2m}$$

式中：$\ast$ 表示线性卷积。因此，系数 $\alpha_i(m)$ 可通过 $\alpha_{i+1}(n)$ 与序列 $h_0(-n)$ 的卷积，并对其结果 2 倍抽取得到。类似地，$\beta_i(m)$ 可以用下式求得：

$$\beta_i(m) = h_1(-n) \ast \alpha_{i+1}(n)\big|_{n=2m}$$

这一结果如图 4-16 所示。因此，分解一个信号的系数可以通过单位脉冲响应为 $h_0(-n)$ 和 $h_1(-n)$ 的分析滤波器组求得。将信号 $f(t) \in V_{i+1}$ 投影到其子空间时，它具有 2 倍于子空间的分辨率。相应地，展开系数 $\alpha_i(m)$ 和 $\beta_i(m)$ 是系数 $\alpha_{i+1}(n)$ 的采样率的一半。

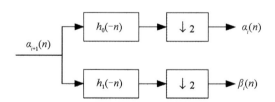

图 4-16 用分析滤波器计算小波展开系数

联系到伸缩的规则性，V_{i+1} 到 V_i 上的投影相应于低通滤波，V_{i+1} 到 W_i 上的投影相应于高通滤波。因此，$h_0(-n)$ 是一低通滤波器，而 $h_1(-n)$ 是一互补的高通滤波器。如果重复地将更多的两通道分析滤波器连接到一个两通道滤波器组的低通输出端，将实现式：

$$f(t) = \sum_m \alpha_j(m)\varphi_{j,m}(t) + \sum_{i=j}^{\infty}\sum_m \beta_i(m)\psi_{i,m}(t)$$

的信号分解，其结构如图 4-17 所示。

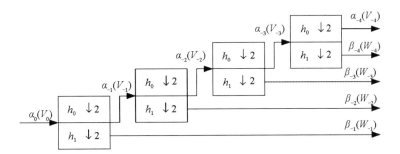

图 4 - 17　树状结构的二进小波变换

与上述讨论的将一个信号投影到两个子空间的过程相反,可以将两个子空间 V_i 和 W_i 的信号合成为 V_{i+1} 空间的一个信号,这一过程伴随着信号的时间精度提高了 1 倍。

这一信号的合成相应于两通道综合滤波器组的运算。在综合运算中,合成信号的未知系数 $\alpha_{i+1}(n)$ 可由子带信号的已知系数 $\alpha_i(m)$ 和 $\beta_i(m)$ 计算得到。为了计算这些系数,需要用基 $\varphi_{i,m}(t)$ 和 $\psi_{i,m}(t)$ 表示 $\varphi_{i+1,m}(t)$。因为 $V_1 = V_0 \oplus W_0$,所以存在着以下关系式:

$$\varphi(2t) = \sum_k \overline{g}_0(k)\varphi(t-k) + \sum_k \overline{g}_1(k)\psi(t-k)$$

利用关系式:

$$\varphi_{i+1,n}(t) = 2^{(i+1)/2}\varphi(2^{i+1}t - n)$$

$$= \sum_k 2^{1/2}\overline{g}_0(k) \cdot 2^i\varphi\left(2^i t - \frac{n}{2} - k\right) + \sum_k 2^{1/2}\overline{g}_1(k) \cdot 2^{i/2}\psi\left(2^i t - \frac{n}{2} - k\right)$$

并令 $g_0(-2k) = 2^{1/2}\overline{g}_0(k)$, $g_1(-2k) = 2^{1/2}\overline{g}_1(k)$ 和 $n + 2k = 2m$,将其代入下式:

$$\varphi(2t) = \sum_k \overline{g}_0(k)\varphi(t-k) + \sum_k \overline{g}_1(k)\psi(t-k)$$

得

$$\varphi_{i+1,n}(t) = \sum_m g_0(n-2m) \cdot 2^{i/2}\varphi(2^i t - m) + \sum_m g_1(n-2m) \cdot 2^{i/2}\psi(2^i t - m)$$

$$= \sum_m g_0(n-2m) \cdot \varphi_{i,m}(t) + \sum_m g_1(n-2m) \cdot \psi_{i,m}(t)$$

因此,展开系数可写成

$$\alpha_{i+1}(n) = \langle f(t), \varphi_{i+1,n}(t) \rangle = \langle f(t), \sum_m g_0(n-2m) \cdot \varphi_{i,m}(t) + \sum_m g_1(n-2m) \cdot \psi_{i,m}(t) \rangle$$

$$= \sum_n g_0(n-2m) \cdot \langle f(t), \varphi_{i,m}(t) \rangle + \sum_n g_1(n-2m) \cdot \langle f(t), \psi_{i,m}(t) \rangle$$

$$= \sum_n g_0(n-2m) \cdot \alpha_i(m) + \sum_n g_1(n-2m) \cdot \beta_i(m)$$

可以进一步表示为

$$\alpha_{i+1}(n) = g_0(n) * \alpha_i\left(\frac{n}{2}\right) + g_1(n) * \beta_i\left(\frac{n}{2}\right) \tag{4-30}$$

其中，$\alpha_i\left(\dfrac{n}{2}\right)$ 和 $\beta_i\left(\dfrac{n}{2}\right)$ 分别为 $\alpha_i(n)$ 和 $\beta_i(n)$ 的 2 倍内插序列。式(4-31)可以用图 4-18 所示的综合滤波器组来实现。由于内插过程，数字滤波器 $g_0(n)$ 和 $g_1(n)$ 的偶数下标才与系数 $\alpha_i(m)$ 和 $\beta_i(m)$ 相乘。式(4-31)就是小波重构算法，对应于离散逆小波变换(Inverse Discrete Wavelet Transform, IDWT)。

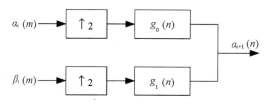

图 4-18　用综合滤波器组合两个子空间的信号

对于如图 4-18 所示结构的二进级联，可将不同子空间的信号合成到一起，得到与图 4-17 相反的结构，如图 4-19 所示。

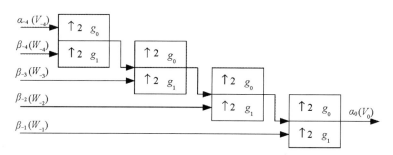

图 4-19　树状结构的逆二进小波变换

采用二进树结构的分析滤波器组和综合滤波器组对信号进行分解或重构是非常有效的，它甚至不涉及函数 $\varphi(t)$ 和 $\psi(t)$ 的具体形式。

▶▶▶ 第 4 章　习题 ◀◀◀

1. 如图 4-20 所示系统输入为 $x(k)$，输出为 $y(n)$，内插模块在输入序列每个样本值间插入 2 个零，抽取模块定义为 $x(k) \rightarrow \boxed{\downarrow M} \rightarrow x_D(k)$，其中 $w(n)$ 是抽取模块的输入系列。若输入

$$x(n) = \frac{\sin(\omega_1 n)}{\pi n}$$

试确定下列 ω 值时的输出 $y(n)$：① $\omega_1 \leqslant \dfrac{3}{5}\pi$；② $\omega_1 > \dfrac{3}{5}\pi$。

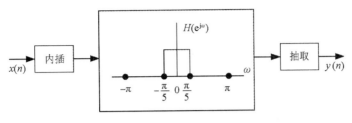

图 4-20　题 1 图

2. 如果抽取器的抽取因子 $M = 2^k$，k 为整数，可采用抽取因子为 2 的抽取器级联而成，试给出这一抽取器的框图。假定要求 $0 \sim \dfrac{\pi}{(2M)}$ 范围内的信号分量在抽取后无混叠失真，试给出抽取滤波器的技术指标。

3. 已知有理数 I、D 作为抽样率转换的两个系数，如图 4-21 所示。

(1) 写出 $x_{ID1}(z)$、$x_{ID2}(z)$、$x(k) \rightarrow \boxed{\uparrow L} \rightarrow x_l(k)$、$x_{ID2}(e^{j\omega})$ 的表示式；

(2) 若 $I = D$，试分析这两个系统是否有 $x_{ID1}(n) = x_{ID2}(n)$，请说明理由；

(3) 若 $I \neq D$，请说明在什么条件下 $x_{ID1}(n) = x_{ID2}(n)$，并说明理由。

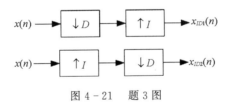

图 4-21　题 3 图

4. 设计一采样率转换系统，对采样频率为 20kHz 的信号降低采样率以减少数据量，要求仅保留 4.1k~4.9kHz 的频率分量，在此频带内的频谱失真不大于 1dB，频谱混叠不大于 1%。请：

(1) 确定满足要求的最低采样频率和相应的采样率转换因子。

(2) 确定采样率转换系统中的带通滤波器的技术指标，并设计相应的带通滤波器。

5. 对于如图 4-22 所示的分析和综合滤波器组，已知 $H_0(z) = (1 + z^{-1})/2$，求图中的 $H_1(z)$、$G_0(z)$ 和 $G_1(z)$，使得输出 $Y(z)$ 可以完美地重建 $X(z)$。

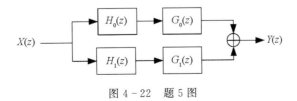

图 4-22　题 5 图

第5章 数字信号处理的实现

5.1 数字信号的处理实践基础

数字信号处理的实现方法一般有以下几种：

（1）在通用的计算机（如 PC 机）上用软件（如 Fortran、C 语言）实现。

（2）在通用计算机系统中加上专用的加速处理机实现。

（3）用通用的单片机（如 MCS－51、96 系列等）实现，这种方法可用于一些不太复杂的数字信号处理，如数字控制等。

（4）用通用的可编程 DSP 芯片实现。与单片机相比，DSP 芯片具有更加适合于数字信号处理的软件和硬件资源，可用于复杂的数字信号处理算法。

（5）用专用的 DSP 芯片实现。在一些特殊的场合，要求的信号处理速度极高，用通用 DSP 芯片很难实现，如专用于 FFT、数字滤波、卷积、相关等算法的 DSP 芯片，这种芯片将相应的信号处理算法在芯片内部用硬件实现，无需进行编程。

在上述几种方法中，第 1 种方法的缺点是速度较慢，一般可用于 DSP 算法的模拟；第 2 种和第 5 种方法专用性强，应用受到很大的限制，而且第 2 种方法也不便于系统的独立运行；第 3 种方法只适用于实现简单的 DSP 算法；只有第 4 种方法才打开了数字信号处理的应用新局面。

虽然数字信号处理的理论发展迅速，但在 20 世纪 80 年代以前，由于实现方法的限制，数字信号处理的理论还得不到广泛应用。直到 20 世纪 70 年代末 80 年代初，世界上第一片单片可编程 DSP 芯片诞生，才将理论研究结果广泛应用到低成本的实际系统中，并且推动了新的理论和应用领域的发展。可以毫不夸张地说，DSP 芯片的诞生及发展对近 20 年来通信、计算机、控制等领域的技术发展起着十分重要的作用。目前，DSP 芯片的价格越来越低，性价比日益提高，具有巨大的应用潜力。DSP 芯片的应用主要有：

（1）信号处理——如数字滤波、自适应滤波、快速傅里叶变换、相关运算、谱分析、卷积、模式匹配、加窗、波形产生等；

（2）通信——如调制解调器、自适应均衡、数据加密、数据压缩、回波抵消、多路复用、传真、扩频通信、纠错编码、可视电话等；

（3）语音——如语音编码、语音合成、语音识别、语音增强、说话人辨认、说话人确认、语音邮件、语音存储等；

（4）图形/图像——如二维和三维图形处理、图像压缩与传输、图像增强、动画、机器人视觉等；

（5）军事——如保密通信、雷达处理、声呐处理、导航、导弹制导等；

（6）仪器仪表——如频谱分析、函数发生、锁相环、地震处理等；

（7）自动控制——如引擎控制、声控、自动驾驶、机器人控制、磁盘控制等；

（8）医疗——如助听、超声设备、诊断工具、病人监护等；

（9）家用电器——如高保真音响、音乐合成、音调控制、玩具与游戏、数字电话/电视等。

随着 DSP 芯片性价比的不断提高，可以预见 DSP 芯片将会在更多的领域内得到更为广泛的应用。

5.1.1　DSP 集成电路概述

DSP 芯片，也称数字信号处理器，是一种特别适合进行数字信号处理运算的微处理器，其主要应用是实时快速地实现各种数字信号处理的算法。根据数字信号处理的要求，DSP 芯片一般具有如下主要特点：

（1）在一个指令周期内可完成一次乘法和一次加法；

（2）程序和数据空间分开，可以同时访问指令和数据；

（3）片内具有快速 RAM，通常可通过独立的数据总线在两块中同时访问；

（4）具有低开销或无开销循环及跳转的硬件支持；

（5）快速的中断处理和硬件 I/O 支持；

（6）具有在单周期内操作多个硬件的地址产生器；

（7）可以并行执行多个操作；

（8）支持流水线操作，使取指、译码和执行等操作可以重叠执行。

当然，与通用微处理器相比，DSP 芯片的其他通用功能相对较弱。

世界上第一个单片 DSP 芯片应当是 1978 年 AMI 公司发布的 S2811，1979 年美国 Intel 公司发布的商用可编程器件 2920 是 DSP 芯片的一个主要里程碑。这两种芯片内部都没有现代 DSP 芯片所必须有的单周期乘法器。1980 年，日本 NEC 公司推出的 μPD7720 是第一个具有乘法器的商用 DSP 芯片。

在这之后,最成功的 DSP 芯片当数美国德州仪器公司(Texas Instruments,TI)的一系列产品。TI 公司在 1982 年成功推出其第一代 DSP 芯片 TMS32010 及其系列产品 TMS32011、TMS320C10/C14/C15/C16/C17 等,之后相继推出了第二代 DSP 芯片 TMS32020、TMS320C25/C26/C28,第三代 DSP 芯片 TMS320C30/C31/C32,第四代 DSP 芯片 TMS320C40/C44,第五代 DSP 芯片 TMS320C5X/C54X,第二代 DSP 芯片的改进型 TMS320C2XX,集多片 DSP 芯片于一体的高性能 DSP 芯片 TMS320C8X 以及目前速度最快的第六代 DSP 芯片 TMS320C62X/C67X 等。TI 公司将常用的 DSP 芯片归纳为三大系列,即 TMS320C2000 系列(包括 TMS320C2X/C2XX)、TMS320C5000 系列(包括 TMS320C5X/C54X/C55X)、TMS320C6000 系列(TMS320C62X/C67X)。如今,TI 公司的一系列 DSP 产品已经成为当今世界上最有影响的 DSP 芯片。1999 年,TI 公司也成为世界上最大的 DSP 芯片供应商,其 DSP 市场份额占全世界份额近 50%。

第一个采用 CMOS 工艺生产浮点 DSP 芯片的是日本的 Hitachi 公司,它于 1982 年推出了浮点 DSP 芯片。1983 年,日本 Fujitsu 公司推出的 MB8764,其指令周期为 120ns,且具有双内部总线,从而使处理吞吐量实现了一个大的飞跃。而第一个高性能浮点 DSP 芯片应是 AT&T 公司于 1984 年推出的 DSP32。

与其他公司相比,Motorola 公司推出 DSP 芯片的时间相对较晚。1986 年,该公司推出了定点处理器 MC56001。1990 年,推出了与 IEEE 浮点格式兼容的浮点 DSP 芯片 MC96002。

美国模拟器件公司(Analog Devices,AD)在 DSP 芯片市场上也占有一定份额,相继推出了一系列具有自己特点的 DSP 芯片,其定点 DSP 芯片有 ADSP2101/2103/2105、ASDP2111/2115、ADSP2161/2162/2164 以及 ADSP2171/2181,浮点 DSP 芯片有 ADSP21000/21020、ADSP21060/21062 等。

自 1980 年以来,DSP 芯片得到了突飞猛进的发展,DSP 芯片的应用越来越广泛。从运算速度来看,MAC(一次乘法和一次加法)的时间已经从 20 世纪 80 年代初的 400ns(如 TMS32010)降低到 10ns 以下(如 TMS320C54X、TMS320C62X/67X 等),处理能力提高了几十倍。DSP 芯片内部关键的乘法器部件从 1980 年的占模片区的 40% 左右下降到 5% 以下,片内 RAM 数量增加一个数量级以上。从制造工艺来看,1980 年采用 $4\mu m$ 的 N 沟道 MOS(NMOS)工艺,而现在则普遍采用亚微米(Micron)CMOS 工艺。DSP 芯片的引脚数量从 1980 年的最多 64 个增加到现在的 200 个以上,引脚数量的增加,意味着结构灵活性的增加,如外部存储器的扩展和处理器间的通信等。此外,DSP 芯片的发展使 DSP 系统的成本、体积、重量和功耗都有很大程度的下降。如表 5-1 所示是 TI 公司 DSP 芯片 1982 年、1992 年、1999 年的发展比较。如表 5-2 所示则是世界上主要 DSP 芯片供应商的代表芯片的一些数据。

表 5 - 1 TI 公司的 DSP 芯片发展比较（典型值）

年份	1982 年	1992 年	1999 年
制造工艺	4μmNMOS	0.8μmCMOS	0.3μmCMOS
MIPS	5MIPS	40MIPS	100MIPS
MHz	20MHz	80MHz	100MHz
内部 RAM	144B	1KB	32KB
内部 ROM	1.5KB	4KB	16KB
价格	$150.00	$15.00	$5.00～$25.00
功耗	250mW/MIPS	12.5mW/MIPS	0.45mW/MIPS
集成晶体管数	50k	500k	

表 5 - 2 单片可编程 DSP 芯片

公司	DSP 芯片	推出时间	MAC 周期/ns	定点位数	浮点位数
AMI	S2811	1978 年	300	12/16	
NEC	μPD7720	1980 年	250	16/32	
	μPD77230	1985 年	150		32
TI	TMS32010	1982 年	390	16/32	
	TMS32020	1987 年	200	16/32	
	TMS320C25	1989 年	100	16/32	
	TMS320C30	1989 年	60	24/32	32/40
	TMS320C40	1992 年	40	32	40
	TMS320C50	1990 年	35	16/32	
	TMS320C203	1996 年	12.5	16/32	
	TMS320LC549	1996 年	10	16/32	
	TMS320C62X	1997 年	5	16/32	
Motorola	MC56001	1986 年	75	24	
	MC96002	1990 年	50	32/64	32/44
	MC56002	1991 年	50	24/48	
AT&T	DSP32C	1988 年	80	16 或 24	32/40
	DSP16A	1988 年	25	16/36	
	DSP3210	1992 年	60	24	32/40
AD	ADSP2101	1990 年	60	16	32/40
	ADSP21020	1991 年	40	32	

1. DSP 芯片的分类

DSP 芯片可以按照下列三种方式进行分类。

（1）按基础特性分。这是根据 DSP 芯片的工作时钟和指令类型来分类的。如果在某时钟频率范围内的任何时钟频率上，DSP 芯片都能正常工作，除计算速度有变化外，没有性能的下降，这类 DSP 芯片一般称为静态 DSP 芯片。例如，日本 OKI 电气公司的 DSP 芯片、TI 公司的 TMS320C2XX 系列芯片属于这一类。

如果有两种或两种以上的 DSP 芯片，它们的指令集和相应的机器代码机管脚结构相互兼容，则这类 DSP 芯片称为一致性 DSP 芯片。例如，美国 TI 公司的 TMS320C54X 就属于这一类。

（2）按数据格式分。这是根据 DSP 芯片工作的数据格式来分类的。数据以定点格式工作的 DSP 芯片称为定点 DSP 芯片，如 TI 公司的 TMS320C1X/C2X、TMS320C2XX/C5X、TMS320C54X/C62XX 系列，AD 公司的 ADSP21XX 系列，AT&T 公司的 DSP16/16A，Motolora 公司的 MC56000 等。以浮点格式工作的称为浮点 DSP 芯片，如 TI 公司的 TMS320C3X/C4X/C8X，AD 公司的 ADSP21XXX 系列，AT&T 公司的 DSP32/32C，Motolora 公司的 MC96002 等。

不同浮点 DSP 芯片所采用的浮点格式不完全一样，有的 DSP 芯片采用自定义的浮点格式，如 TMS320C3X，而有的 DSP 芯片则采用 IEEE 的标准浮点格式，如 Motorola 公司的 MC96002、Fujitsu 公司的 MB86232 和 Zoran 公司的 ZR35325 等。

（3）按用途分。按照 DSP 的用途来分，可分为通用型 DSP 芯片和专用型 DSP 芯片。通用型 DSP 芯片适合普通的 DSP 应用，如 TI 公司的一系列 DSP 芯片属于通用型 DSP 芯片。专用 DSP 芯片是为特定的 DSP 运算而设计的，更适合特殊的运算，如数字滤波、卷积和 FFT，如 Motorola 公司的 DSP56200，Zoran 公司的 ZR34881，Inmos 公司的 IMSA100 等就属于专用型 DSP 芯片。

2. DSP 芯片的选择

设计 DSP 应用系统，选择 DSP 芯片是非常重要的一个环节。只有选定了 DSP 芯片，才能进一步设计其外围电路及系统的其他电路。总的来说，DSP 芯片的选择应根据实际的应用系统需要而确定。不同的 DSP 应用系统由于应用场合、应用目的等不尽相同，对 DSP 芯片的选择也是不同的。一般来说，选择 DSP 芯片时应考虑以下诸多因素：

（1）DSP 芯片的运算速度。运算速度是 DSP 芯片的一个最重要的性能指标，也是选择 DSP 芯片时所需要考虑的一个主要因素。DSP 芯片的运算速度可以用以下几种性能指标来衡量：

①指令周期：执行一条指令所需的时间，通常以纳秒（ns）为单位。如 TMS320LC549-80 在主频为 80MHz 时的指令周期为 12.5ns。

②MAC 时间：一次乘法加上一次加法的时间。大部分 DSP 芯片可在一个指令周期内完成一次乘法和加法操作，如 TMS320LC549-80 的 MAC 时间就是 12.5ns。

③FFT 执行时间：运行一个 N 点 FFT 程序所需的时间。由于 FFT 运算涉及的运算在数字信号处理中很有代表性，因此 FFT 运算时间常作为衡量 DSP 芯片运算能力的一个指标。

④MIPS：每秒执行百万条指令。如 TMS320LC549－80 的处理能力为 80MIPS，即每秒可执行八千万条指令。

⑤MOPS：每秒执行百万次操作。如 TMS320C40 的运算能力为 275MOPS。

⑥MFLOPS：每秒执行百万次浮点操作。如 TMS320C31 在主频为 40MHz 时的处理能力为 40MFLOPS。

⑦BOPS：每秒执行十亿次操作。如 TMS320C80 的处理能力为 2BOPS。

（2）DSP 芯片的价格。DSP 芯片的价格也是选择 DSP 芯片所需考虑的一个重要因素。如果采用价格昂贵的 DSP 芯片，即使性能再高，其应用范围也会受到一定的限制，尤其是民用产品。因此，应根据实际系统的应用情况，确定一个价格适中的 DSP 芯片。当然，由于 DSP 芯片发展迅速，DSP 芯片的价格往往下降较快，因此在开发阶段选用某种价格稍贵的 DSP 芯片，等到系统开发完毕，其价格可能已经下降一半甚至更多。

（3）DSP 芯片的硬件资源。不同的 DSP 芯片所提供的硬件资源是不相同的，如片内 RAM、ROM 的数量，外部可扩展的程序和数据空间，总线接口，I/O 接口等。即使是同一系列的 DSP 芯片（如 TI 的 TMS320C54X 系列），系列中不同 DSP 芯片也具有不同的内部硬件资源，可以适应不同的需要。

（4）DSP 芯片的运算精度。一般的定点 DSP 芯片的字长为 16 位，如 TMS320 系列。但有的公司的定点芯片为 24 位，如 Motorola 公司的 MC56001 等。浮点芯片的字长一般为 32 位，累加器为 40 位。

（5）DSP 芯片的开发工具。在 DSP 系统的开发过程中，开发工具是必不可少的。如果没有开发工具的支持，要想开发一个复杂的 DSP 系统几乎是不可能的。如果有功能强大的开发工具的支持，如 C 语言支持，则开发的时间就会大大缩短。所以，在选择 DSP 芯片的同时，必须注意其开发工具的支持情况，包括软件和硬件的开发工具。

（6）DSP 芯片的功耗。在某些 DSP 应用场合，功耗也是一个需要特别注意的问题。如便携式的 DSP 设备、手持设备、野外应用的 DSP 设备等都对功耗有特殊的要求。目前，3.3V 供电的低功耗高速 DSP 芯片已大量使用。

（7）其他。除了上述因素外，选择 DSP 芯片还应考虑到封装的形式、质量标准、供货情况、生命周期等。有的 DSP 芯片可能有 DIP、PGA、PLCC、PQFP 等多种封装形式。有些 DSP 系统可能最终要求的是工业级或军用级标准，在选择时就需要注意到所选的芯片是否有工业级或军用级的同类产品。如果所设计的 DSP 系统不仅仅是一个实验系统，而是需要

批量生产并可能有几年甚至十几年的生命周期,那么需要考虑所选的 DSP 芯片供货情况如何、是否也有同样甚至更长的生命周期等。

一般而言,在上述诸多因素中,定点 DSP 芯片的价格较便宜,功耗较低,但运算精度稍低;而浮点 DSP 芯片的运算精度高,且 C 语言编程调试方便,但价格稍贵,功耗也较大。例如,TI 的 TMS320C2XX/C54X 系列属于定点 DSP 芯片,低功耗和低成本是其主要特点;而 TMS320C3X/C4X/C67X 系列属于浮点 DSP 芯片,运算精度高,用 C 语言编程方便,开发周期短,但其价格和功耗也相对较高。

3. DSP 应用系统的运算量

DSP 应用系统的运算量是确定选用处理能力为多大的 DSP 芯片的基础。运算量小则可以选用处理能力不是很强的 DSP 芯片,从而可以降低系统成本。相反,运算量大的 DSP 系统则必须选用处理能力强的 DSP 芯片,如果 DSP 芯片的处理能力达不到系统要求,则必须用多个 DSP 芯片并行处理。那么如何确定 DSP 应用系统的运算量以选择 DSP 芯片呢?下面我们来考虑两种情况。

(1)按样点处理

按样点处理就是 DSP 算法对每一个输入样点循环一次。数字滤波就是这种情况。在数字滤波器中,通常需要计算每一个输入样点一次。例如,一个采用 LMS 算法的 256 抽头的自适应 FIR 滤波器,假定每个抽头的计算需要 3 个 MAC 周期,则 256 抽头计算需要 768 个 MAC 周期(即 256×3)。如果采样频率为 8kHz,即样点之间的间隔为 $125\mu s$,DSP 芯片的 MAC 周期为 200ns,则 768 个 MAC 周期需要 $153.6\mu s$ 的时间,显然无法实时处理,需要选用速度更高的 DSP 芯片。如表 5-3 所示为两种信号带宽对三种 DSP 芯片的处理要求,三种 DSP 芯片的 MAC 周期分别为 200ns、50ns 和 25ns。从表中可以看出,对话音应用,后两种 DSP 芯片可以实时实现;对声频应用,只有第三种 DSP 芯片能够实时处理。当然,在这个例子中,没有考虑其他的运算量。

表 5-3 用 DSP 芯片实现数字滤波

应用领域	采样率/kHz	采样周期/μs	256 抽头 LMS 滤波运算量（MAC 数）	每样点允许 MAC 指令数（200ns）	每样点允许 MAC 指令数（50ns）	每样点允许 MAC 指令数（25ns）
话音	8	125	768	625	2500	5000
声频	44.1	22.7	768	113	453	907

(2)按帧处理

有些数字信号处理算法不是每个输入样点循环一次,而是每隔一定的时间间隔(通常称为帧)循环一次。例如,中低速语音编码算法通常以 10ms 或 20ms 为一帧,每隔 10ms 或

20ms 循环语音编码算法一次。所以,选择 DSP 芯片时应该比较一帧内 DSP 芯片的处理能力和 DSP 算法的运算量。假设 DSP 芯片的指令周期为 p(单位为 ns),一帧的时间为 $\Delta\tau$(单位为 ns),则该 DSP 芯片在一帧内所能提供的最大运算量为 $\Delta\tau/p$ 条指令。例如,TMS320LC549 - 80 的指令周期为 12.5ns,设帧长为 20ms,则一帧内 TMS320LC549 - 80 所能提供的最大运算量为 160 万条指令。因此,只要语音编码算法的运算量不超过 160 万条指令,就可以在 TMS320LC549 - 80 上实时运行。

4. TMS320 系列集成电路

TMS320 系列 DSP 芯片的基本结构(见图 5 - 1)包括:①哈佛结构;②流水线操作;③专用的硬件乘法器;④特殊的 DSP 指令;⑤快速的指令周期。这些特点使得 TMS320 系列 DSP 芯片可以实现快速的 DSP 运算,并使大部分运算(如乘法)能够在一个指令周期内完成。由于 TMS320 系列 DSP 芯片是软件可编程器件,因此具有通用微处理器方便灵活的特点。下面分别介绍这些特点是如何在 TMS320 系列 DSP 芯片中应用并使得芯片的功能得到加强的。

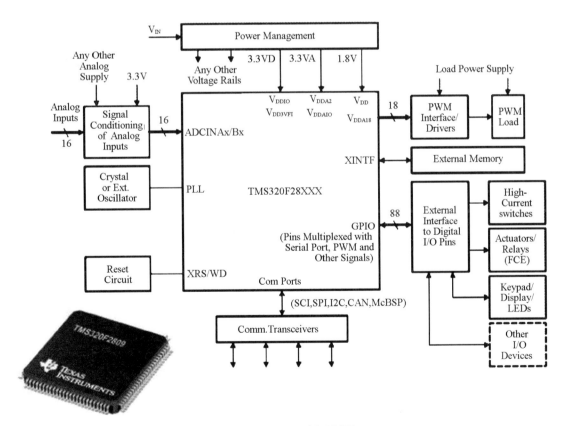

图 5 - 1　TMS320 原理框图

①哈佛结构

哈佛结构不同于传统的冯·诺依曼(Von Neuman)结构的并行体系结构,其主要特点是将程序和数据存储在不同的存储空间中,即程序存储器和数据存储器是两个相互独立的存储器,每个存储器独立编址,独立访问。与两个存储器相对应的是,系统中设置了程序总线和数据总线两条总线,从而使数据的吞吐率提高了一倍。而冯·诺依曼结构则是将指令、数据、地址存储在同一存储器中,统一编址,依靠指令计数器提供的地址来区分是指令、数据还是地址。取指令和取数据都访问同一存储器,数据吞吐率低。在哈佛结构中,由于程序和数据存储器在两个分开的空间中,因此取指和执行能完全重叠运行。为了进一步提高运行速度和灵活性,TMS320 系列 DSP 芯片在基本哈佛结构的基础上做了改进:一是允许数据存放在程序存储器中,并被算术运算指令直接使用,增强了芯片的灵活性;二是指令存储在高速缓冲器中,当执行此指令时,不需要再从存储器中读取指令,节约了一个指令周期的时间。如 TMS320C30 具有 64 个字的缓冲器。

②流水线操作

与哈佛结构相关,DSP 芯片广泛采用流水线操作以减少指令执行时间,增强处理器的处理能力。TMS320 系列处理器的流水线深度从 2~6 级不等。第一代 TMS320 处理器采用二级流水线,第二代采用三级流水线,而第三代则采用四级流水线。也就是说,处理器可以并行处理 2~6 条指令,每条指令处于流水线上的不同阶段。如图 5-2 所示为一个三级流水线操作的例子。

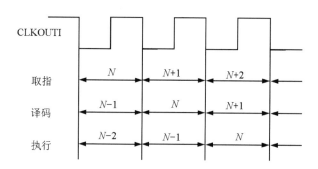

图 5-2 三级流水线操作

在三级流水线操作中,取指、译码和执行操作可以独立处理,这使得指令执行能完全重叠。在每个指令周期内,三个不同的指令处于激活状态,每个指令处于不同的阶段。例如,在第 N 个指令取指时,前一个指令即第 $N-1$ 个指令正在译码,而第 $N-2$ 个指令则正在执行。一般来说,流水线操作对用户是透明的。

③专用的硬件乘法器

在一般形式的 FIR 滤波器中,乘法是 DSP 的重要组成部分。对每个滤波器抽头,必须做一次乘法和一次加法。乘法速度越快,DSP 处理器的性能就越高。在通用的微处理器中,乘法指令是由一系列加法来实现的,故需许多个指令周期来完成。相比而言,DSP 芯片的特征就是有一个专用的硬件乘法器。在 TMS320 系列中,由于具有专用的硬件乘法器,乘法可在一个指令周期内完成。从最早的 TMS32010 实现 FIR 的每个抽头算法可以看出,滤波器每个抽头需要一条乘法指令 MPY:

LT:装乘数到 T 寄存器

DMOV:在存储器中移动数据以实现延迟

MPY:相乘

APAC:将乘法结果加到 ACC 中

其他三条指令用来将乘数装入乘法器电路(LT)、移动数据(DMOV)以及将乘法结果(存在乘积寄存器 P 中)加到 ACC 中(APAC)。因此,若采用 256 抽头的 FIR 滤波器,这四条指令必须重复执行 256 次,且 256 次乘法必须在一个抽样间隔内完成。在典型的通用微处理器中,每个抽头需要 30~40 个指令周期,而 TMS32010 只需 4 条指令。如果采用特殊的 DSP 指令或采用 TMS320C54X 等新一代的 DSP 芯片,可进一步降低 FIR 抽头的计算时间。

④特殊的 DSP 指令

DSP 芯片的另一个特征是采用特殊的指令。DMOV 就是一个特殊的 DSP 指令,完成数据移位功能。在数字信号处理中,延迟操作非常重要,这个延迟就是由 DMOV 来实现的。TMS32010 中的另一个特殊指令是 LTD,它在一个指令周期内完成 LT、DMOV 和 APAC 三条指令。LTD 和 MPY 指令可以将 FIR 滤波器抽头计算从 4 条指令降为 2 条指令。在第二代处理器中,如 TMS320C25,增加了 2 条更特殊的指令,即 RPT 和 MACD 指令,采用这 2 条特殊指令,可以进一步将每个抽头的运算指令数从 2 条降为 1 条:

RPTK 255;重复执行下条指令 256 次

MACD;LT,DMOV,MPY 及 APAC

⑤快速的指令周期

哈佛结构、流水线操作、专用的硬件乘法器、特殊的 DSP 指令再加上集成电路的优化设计,可使 DSP 芯片的指令周期在 200ns 以下。TMS320 系列处理器的指令周期已经从第一代的 200ns 降低至现在的 20ns 以下。快速的指令周期使得 DSP 芯片能够实时实现许多 DSP 应用。

⑥TMS320C1X

基本特点:第一代 TMS320 系列 DSP 芯片包括:TMS32010、TMS32011、TMS320C10、TMS320C15/E15 和 TMS320C17/E17。其中,TMS32010 和 TMS32011 采用 2.4μm 的 NMOS

工艺,而其他几种则采用 $1.8\mu m$CMOS 工艺。这些芯片的典型工作频率为 20MHz。TMS320 第一代 DSP 芯片的主要特点如下:

指令周期:160ns/200ns/280ns

片内 RAM:144B/256B(TMS320C15/E15/C17/E17)

片内 ROM:1.5KB/4KB(TMS320C15/C17)

4KB 片内程序 EPROM(TMS320E15/E17)

4KB 外部全速存储器扩展

并行乘法器:乘积为 32 位

桶形移位器:将数据从存储器移到 ALU

并行移位器

允许文本交换的 4×12 位堆栈

两个间接寻址的辅助寄存器

双通道串行口(TMS32011,TMS320C17/E17)

片内压扩硬件(TMS32011,TMS320C17/E17)

协处理器接口(TMS320C17/E17)

器件封装:40 脚双列直插(DIP)/44 脚塑封(PLCC)

TMS320 集成芯片:TMS320 系列 DSP 芯片的第一代产品是基于 TMS32010 和它的 CMOS 版本 TMS320C10 的结构。TMS32010 于 1982 年推出,是第一个能够达到 5 个 MIPS 的微处理器。TMS32010 采用改进的哈佛结构,即程序和数据空间相互独立。程序存储器可在片内(1.5KB)或片外(4KB)。片内数据 RAM 为 144B。其有 4 个基本的算术单元:算术逻辑单元(ALU)、累加器(ACC)、乘法器和移位器。

(a) ALU:32 位数据操作的通用算术逻辑单元,可进行加、减和逻辑运算。

(b) ACC:累加器存储 ALU 的输出,也是 ALU 的一个输入。它采用 32 位字长操作,分高 16 位和低 16 位两部分。处理器提供高 16 位和低 16 位的专门指令:SACH(高 16 位)和 SACL(低 16 位)。

(c) 乘法器:16×16 位并行乘法器由三个单元组成,即 T 寄存器、P 寄存器和乘法器阵列。T 寄存器存储被乘数、P 寄存器存储 32 位乘积。为了使用乘法器,被乘数首先必须从数据 RAM 中装入 T 寄存器,可用 LT、LTA 和 LTD 指令。然后执行 MPY(乘)或 MPYK(乘立即数)指令。乘和累加器操作可用 LTA、LTD 和 MPY、MPYK 指令在两个指令周期内完成。

(d) 移位器:有两个移位器可用于数据移位,一个是桶形移位器,另一个是并行移位器。桶形移位器又称定标移位器。当数据存储器的数据送入累加器或与累加器中的数据进行运算时,先通过这个移位器进行 0～16 位左移,然后再进行运算。并行移位器即输出移位器,其作用是将累加器中的数据左移 0 位、1 位或 4 位后再送入数据存储器中,以实现小数运算或小数乘积的调整。在 TMS32010/C10 基础上又派生了多个处理器,它们可提供不同的处理器速度、存储器扩展和各种 I/O 集成。

5.1.2　DSP 芯片的运算

1. 数的定标

在定点 DSP 芯片中,采用定点数进行数值运算,其操作数一般采用整型数来表示。一个整型数的最大表示范围取决于 DSP 芯片所给定的字长,一般为 16 位或 24 位。显然,字长越长,所能表示的数的范围越大,精度也越高。如无特别说明,本书均以 16 位字长为例。

DSP 芯片的数以 2 的补码形式表示。每个 16 位数用一个符号位来表示数的正负,0 表示数值为正,1 表示数值为负。其余 15 位表示数值的大小。示例如下:

二进制数 0010000000000011b＝8195

二进制数 1111111111111100b＝－4

对 DSP 芯片而言,参与数值运算的数就是 16 位的整型数。但在许多情况下,数学运算过程中的数不一定都是整数。那么,DSP 芯片是如何处理小数的呢?应该说,DSP 芯片本身无能为力。那么是不是说 DSP 芯片就不能处理各种小数呢?当然不是。这其中的关键就是由程序员来确定一个数的小数点处于 16 位中的哪一位,这就是数的定标。

通过设定小数点在 16 位数中的不同位置,就可以表示不同大小和不同精度的小数了。数的定标有 Q 表示法和 S 表示法两种。表 5－4 列出了一个 16 位数的 16 种 Q 表示、S 表示及它们所能表示的十进制数值范围。

从表 5－4 可以看出,同样一个 16 位数,若小数点设定的位置不同,它所表示的数也就不同。例如:

16 进制数 2000H＝8192,用 $Q0$ 表示

16 进制数 2000H＝0.25,用 $Q15$ 表示

但对于 DSP 芯片来说,处理方法是完全相同的。不同的 Q 所表示的数不仅范围不同,而且精度也不相同。Q 越大,数值范围越小,但精度越高;相反,Q 越小,数值范围越大,但精度就越低。例如,$Q0$ 的数值范围是－32768 到＋32767,其精度为 1,而 $Q15$ 的数值范围为－1到 0.9999695,精度为 1/32768＝0.00003051。因此,对定点数而言,数值范围与精度是相互矛盾的,一个变量要想能够表示比较大的数值范围,必须以牺牲精度为代价;而要想提高精度,则数的表示范围就相应地减小。在实际的定点算法中,为了达到最佳的性能,必须

充分考虑到这一点。

表 5 - 4　Q 表示、S 表示及数值范围

Q 表示	S 表示	十进制数表示范围
Q15	S0.15	$-1 \leqslant X \leqslant 0.9999695$
Q14	S1.14	$-2 \leqslant X \leqslant 1.9999390$
Q13	S2.13	$-4 \leqslant X \leqslant 3.9998779$
Q12	S3.12	$-8 \leqslant X \leqslant 7.9997559$
Q11	S4.11	$-16 \leqslant X \leqslant 15.9995117$
Q10	S5.10	$-32 \leqslant X \leqslant 31.9990234$
Q9	S6.9	$-64 \leqslant X \leqslant 63.9980469$
Q8	S7.8	$-128 \leqslant X \leqslant 127.9960938$
Q7	S8.7	$-256 \leqslant X \leqslant 255.9921875$
Q6	S9.6	$-512 \leqslant X \leqslant 511.9804375$
Q5	S10.5	$-1024 \leqslant X \leqslant 1023.96875$
Q4	S11.4	$-2048 \leqslant X \leqslant 2047.9375$
Q3	S12.3	$-4096 \leqslant X \leqslant 4095.875$
Q2	S13.2	$-8192 \leqslant X \leqslant 8191.75$
Q1	S14.1	$-16384 \leqslant X \leqslant 16383.5$
Q0	S15.0	$-32768 \leqslant X \leqslant 32767$

浮点数与定点数的转换关系可表示为

浮点数(x) 转换为定点数(x_q)：$x_q = (\text{int}) x * 2^Q$

定点数(x_q) 转换为浮点数(x)：$x = (\text{float}) x_q * 2^{-Q}$

例如，浮点数 $x=0.5$，定标 $Q=15$，则定点数 $x_q = \lfloor 0.5 \times 32768 \rfloor = 16384$，$\lfloor\ \rfloor$ 表示下取整。
反之，一个用 $Q=15$ 表示的定点数 16384，其浮点数为 $16384 \times 2^{-15} = 16384/32768 = 0.5$。

2. 从浮点到定点

在编写 DSP 模拟算法时，为了方便，一般都采用高级语言（如 C 语言）来编写模拟程序。
程序中所用的变量一般既有整型数又有浮点数。

例如，256 点汉明窗计算：

```
int i;

float pi＝3.14159；

float hamwindow[256]；
```

for(i=0;i<256;i++)hamwindow[i]=0.54−0.46*cos(2.0*pi*i/255);

如果要将上述程序用某种定点 DSP 芯片来实现,则需将上述程序改写为 DSP 芯片的汇编语言程序。为了 DSP 程序调试的方便及模拟定点 DSP 实现时的算法性能,在编写 DSP 汇编程序之前一般需将高级语言浮点算法改写为高级语言定点算法。下面讨论基本算术运算的定点实现方法。

加法/减法运算的 C 语言定点模拟。设浮点加法运算的表达式为

float x,y,z;

z=x+y;

将浮点加法/减法转化为定点加法/减法时最重要的一点就是必须保证两个操作数的定标值一样。若两者不一样,则在做加法/减法运算前先进行小数点的调整。为保证运算精度,需调整 Q 值。此外,在做加法/减法运算时,必须注意结果可能会超过 16 位。如果加法/减法的结果超出 16 位的表示范围,则必须保留 32 位结果,以保证运算的精度。

(1) 结果不超过 16 位表示范围

设 x 的 Q 值为 Q_x,y 的 Q 值为 Q_y,且 $Q_x > Q_y$,加法/减法结果 z 的定标值为 Q_z,则

$$z = x + y \Rightarrow$$
$$z_q \cdot 2^{-Q_z} = x_q \cdot 2^{-Q_x} + y_q \cdot 2^{-Q_y}$$
$$= x_q \cdot 2^{-Q_x} + y_q \cdot 2^{(Q_x-Q_y)} \cdot 2^{-Q_x}$$
$$= [x_q + y_q \cdot 2^{(Q_x-Q_y)}] \cdot 2^{-Q_x} \Rightarrow$$
$$z_q = [x_q + y_q \cdot 2^{(Q_x-Q_y)}] \cdot 2^{(Q_z-Q_x)}$$

所以定点加法可以描述为

int x,y,z;

long temp;/*临时变量*/

temp=y<<(Qx−Qy);

temp=x+temp;

z=(int)(temp>>(Qx−Qz)),若 Qx≥Qz

z=(int)(temp<<(Qz−Qx)),若 Qx≤Qz

例 5-1 定点加法。

设 $x = 0.5, y = 3.1$,则浮点运算结果为 $z = x + y = 0.5 + 3.1 = 3.6$;$Q_x = 15, Q_y = 13, Q_z = 13$,则定点加法为

x=16384;y=25395;

temp=25395<<2=101580;

temp=x+temp=16384+101580=117964;

z＝(int)(117964L＞＞2)＝29491;

因为 z 的 Q 值为 13,所以定点值 $z=29491$,即浮点值 $z=29491/8192=3.6$。

例 5－2 定点减法。

设 $x=3.0,y=3.1$,则浮点运算结果为 $z=x-y=3.0-3.1=-0.1;Q_x=13,Q_y=13,Q_z=15$,则定点减法为

x＝24576;y＝25295;

temp＝25395;

temp＝x－temp＝24576－25395＝－819;

因为 $Q_x<Q_z$,故 $z=$(int)$(-819\ll 2)=-3276$。由于 z 的 Q 值为 15,所以定点值 $z=-3276$,即浮点值 $z=-3276/32768\approx-0.1$。

(2) 结果超过 16 位表示范围

设 x 的 Q 值为 Q_x,y 的 Q 值为 Q_y,且 $Q_x>Q_y$,加法结果 z 的定标值为 Q_z,则定点加法为

int x,y;

long temp,z;

temp＝y＜＜(Qx－Qy);

temp＝x＋temp;

z＝temp＞＞(Qx－Qz),若 Qx≥Qz

z＝temp＜＜(Qz－Qx),若 Qx≤Qz

例 5－3 结果超过 16 位的定点加法。

设 $x=15000,y=20000$,则浮点运算值为 $z=x+y=35000$,显然 $z>32767$,因此 $Q_x=1,Q_y=0,Q_z=0$,则定点加法为

x＝30000;y＝20000;

temp＝20000＜＜1＝40000;

temp＝temp＋x＝40000＋30000＝70000;

z＝70000L＞＞1＝35000;

因为 z 的 Q 值为 0,所以定点值 $z=35000$ 就是浮点值,这里 z 是一个长整型数。

当加法或加法的结果超过 16 位表示范围时,如果程序员事先能够了解到这种情况,并且需要保证运算精度时,则必须保持 32 位结果。如果程序中是按照 16 位数进行运算的,则超过 16 位实际上就是出现了溢出。如果不采取适当措施,则数据溢出会导致运算精度的严重恶化。一般的定点 DSP 芯片都设有溢出保护功能,当溢出保护功能有效时,一旦出现溢出,则累加器 ACC 的结果为最大的饱和值(上溢为 7FFFH,下溢为 8001H),从而达到防止

溢出引起精度严重恶化的目的。

3. 乘法运算的C语言定点模拟

设浮点乘法运算的表达式为

float x,y,z;

z＝xy;

假设经过统计后 x 的定标值为 Q_x ,y 的定标值为 Q_y ,乘积 z 的定标值为 Q_z ,则

$$z = xy \Rightarrow$$

$$z_q \cdot 2^{-Q_z} = x_q \cdot y_q \cdot 2^{-(Q_x + Q_y)} \Rightarrow$$

$$z_q = (x_q y_q) 2^{Q_z - (Q_x + Q_y)}$$

所以定点表示的乘法为

int x,y,z;

long temp;

temp＝(long)x;

z＝(temp * y)＞＞(Qx＋Qy－Qz);

例 5 - 4　定点乘法。

设 $x = 18.4$,$y = 36.8$,则浮点运算值为 $z = 18.4 \times 36.8 = 677.12$ 。由上节内容得 $Q_x = 10$,$Q_y = 9$,$Q_z = 5$,则

x＝18841;y＝18841;

temp＝18841L;

z＝(18841L * 18841)＞＞(10＋9－5)＝354983281L＞＞14＝21666;

因为 z 的定标值为5,故定点 $z = 21666$,即浮点 $z = 21666/32 = 677.06$ 。

4. 除法运算的C语言定点模拟

设浮点除法运算的表达式为

float x,y,z;

z＝x/y;

假设经过统计后被除数 x 的定标值为 Q_x ,除数 y 的定标值为 Q_y ,商 z 的定标值为 Q_z ,则

$$z = \frac{x}{y} \Rightarrow$$

$$z_q \cdot 2^{-Q_z} = \frac{x_q \cdot 2^{-Q_x}}{y_q \cdot 2^{-Q_y}} \Rightarrow$$

$$z_q = \frac{x_q \cdot 2^{(Q_z - Q_x + Q_y)}}{y_q}$$

所以定点表示的除法为

```
int x,y,z;
long temp;
temp=(long)x;
z=(temp<<(Qz-Qx+Qy))/y;
```

例 5 - 5 定点除法。

设 $x=18.4, y=36.8$，浮点运算值为 $z=x/y=18.4/36.8=0.5$。由上节内容得 $Q_x=10, Q_y=9, Q_z=15$，则

```
x=18841,y=18841;
temp=(long)18841;
z=(18841L<<(15-10+9))/18841=308690944L/18841=16384;
```

因为商 z 的定标值为 15，所以定点 $z=16384$，即浮点 $z=16384/215=0.5$。

5. 程序变量的 Q 值确定

在前面几节介绍的例子中，由于 x、y、z 的值都是已知的，因此从浮点变为定点时 Q 值很好确定。在实际的 DSP 应用中，程序中参与运算的都是变量，那么如何确定浮点程序中变量的 Q 值呢？

从前面的分析可以知道，确定变量的 Q 值实际上就是确定变量的动态范围，动态范围确定了，则 Q 值也就确定了。

设变量的绝对值的最大值为 max，注意 max 必须小于或等于 32767。取一个整数 n，使它满足：

$$2^{n-1} < |\max| < 2^n$$

则有

$$2^{-Q} = 2^{-15} \times 2^n = 2^{-(15-n)}$$

$$Q = 15 - n$$

例如，某变量的值在 -1 至 +1 之间，即 $|\max| < 1$，因此 $n=0, Q=15-n=15$。

确定了变量的 max 就可以确定其 Q 值，那么变量的 max 又是如何确定的呢？一般来说，确定变量的 max 有两种方法：一种是理论分析法；另一种是统计分析法。

（1）理论分析法

有些变量的动态范围通过理论分析是可以确定的。例如：

①三角函数，$y=\sin(x)$ 或 $y=\cos(x)$，由三角函数知识可知，$|y| \leqslant 1$。

②汉明窗，$y(n)=0.54-0.46\cos[2\pi n/(N-1)], 0 \leqslant n \leqslant N-1$。因为 $-1 \leqslant \cos[2\pi n/(N-1)] \leqslant 1$，所以 $0.08 \leqslant y(n) \leqslant 1.0$。

③FIR 卷积：

$$y_n = \sum_{k=0}^{N-1} h(k) x(n-k)$$

设 $\sum_{k=0}^{N-1} |h(k)| = 1.0$

且 $x(n)$ 是模拟信号 12 位量化值，即有

$|x(n)| \leqslant 2^{11}$，则 $|y(n)| \leqslant 2^{11}$

④理论已经证明，在自相关线性预测编码（LPC）的程序设计中，反射系数满足不等式：$k_i < 1.0, i=1,2,\cdots,p,p$ 为 LPC 的阶数。

（2）统计分析法

对于理论上无法确定范围的变量，一般采用统计分析法来确定其动态范围。所谓统计分析法，就是用足够多的输入信号样值来确定程序中变量的动态范围。这里对输入的信号，一方面要有一定的数量，另一方面必须尽可能地涉及各种情况。例如，在语音信号分析中，统计分析时就必须采集足够多的语音信号样值，并且在所采集的语音样值中，尽可能地包含各种情况，如音量的大小、声音的种类（男声、女声）等。只有这样，统计出来的结果才具有典型性。

当然，统计分析毕竟不可能涉及所有可能发生的情况，因此，对统计得出的结果在程序设计时可采取一些保护措施，如适当牺牲一些精度，Q 取值比统计值稍大些，使用 DSP 芯片提供的溢出保护功能等。

5.1.3 基于 Matlab 的数字信号处理基本操作

1. Matlab 的数字信号表示

离散时间信号是指在离散时刻才有定义的信号，简称离散信号，或者离散序列。离散序列通常用 $x(n)$ 来表示，自变量必须是整数。

离散时间信号的波形绘制在 Matlab 中一般用 stem 函数。stem 函数的基本用法和 plot 函数一样，它绘制的波形图的每个样本点上有一个小圆圈，默认是空心的。如果要实心，需使用参数"fill""filled"，或者参数"."。由于 Matlab 中矩阵元素的个数有限，所以 Matlab 只能表示一定时间范围内有限长度的序列；而对于无限长度的序列，只能在一定时间范围内表示出来。类似于连续时间信号，离散时间信号也有一些典型的例子。

（1）单位取样序列

单位取样序列 $\delta(n)$，也称为单位冲激序列，定义为

$$\delta(n) = \begin{cases} 1 & (n=0) \\ 0 & (n \neq 0) \end{cases}$$

要注意,单位冲激序列不是单位冲激函数的简单离散抽样,它在 $n=0$ 处是取确定的值1。在 Matlab 中,冲激序列可以通过编写以下的 impDT. m 文件来实现,即

function y＝impDT(n)

y＝(n＝＝0);% 当参数为 0 时冲激为 1,否则为 0

调用该函数时,n 必须为整数或整数向量。

例 5 - 6　利用 Matlab 的 impDT 函数绘出单位冲激序列的波形图。

解　Matlab 源程序为

n＝－3：3;

x＝impDT(n);

stem(n,x,′fill′),xlabel(′n′),grid on

title(′单位冲激序列′)

axis([－3 3 －0.1 1.1])

程序运行结果如图 5-3 所示。

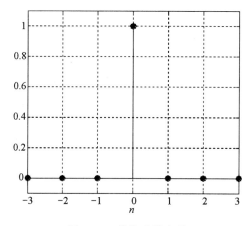

图 5-3　单位冲激序列

(2) 单位阶跃序列

单位阶跃序列 $u(n)$ 定义为

$$u(n) = \begin{cases} 1 & (n \geqslant 0) \\ 0 & (n < 0) \end{cases}$$

在 Matlab 中,冲激序列可以通过编写 uDT. m 文件来实现,即:

function y＝uDT(n)

y＝n＞＝0;　　% 当参数为非负时输出 1

调用该函数时 n 也同样必须为整数或整数向量。

例 5 - 7 利用 Matlab 的 uDT 函数绘出单位阶跃序列的波形图。

解 Matlab 源程序为

```
n=-3：5；
x=uDT(n)；
stem(n,x,'fill'),xlabel('n'),grid on
title('单位阶跃序列')
axis([-3 5 -0.1 1.1])
```

程序运行结果如图 5 - 4 所示。

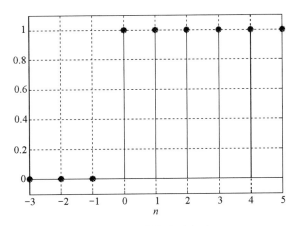

图 5 - 4 单位阶跃序列

(3) 矩形序列

矩形序列 $R_N(n)$ 定义为

$$R_N(n) = \begin{cases} 1 & (0 \leqslant n \leqslant N-1) \\ 0 & (n < 0, n \geqslant N) \end{cases}$$

矩形序列有一个重要的参数,就是序列宽度 N。$R_N(n)$ 与 $u(n)$ 之间的关系为

$$R_N(n) = u(n) - u(n-N)$$

因此,用 Matlab 表示矩形序列可利用上面所讲的 uDT 函数。

例 5 - 8 利用 Matlab 命令绘出矩形序列 $R_5(n)$ 的波形图。

解 Matlab 源程序为

```
n=-3：8；
x=uDT(n)-uDT(n-5)；
stem(n,x,'fill'),xlabel('n'),grid on
title('矩形序列')
axis([-3 8 -0.1 1.1])
```

程序运行结果如图 5-5 所示。

（4）单边指数序列

单边指数序列定义为

$$x(n) = a^n u(n)$$

例 5-9 试用 Matlab 命令分别绘制单边指数序列 $x_1(n) = 1.2^n u(n)$、$x_2(n) = (-1.2)^n u(n)$、$x_3(n) = (0.8)^n u(n)$、$x_4(n) = (-0.8)^n u(n)$ 的波形图。

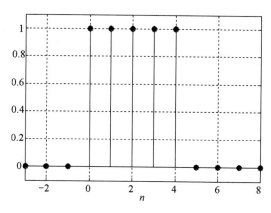

图 5-5　矩形序列

解 Matlab 源程序为

```
n＝0：10；
a1＝1.2;a2＝-1.2;a3＝0.8;a4＝-0.8;
x1＝a1.^n;x2＝a2.^n;x3＝a3.^n;x4＝a4.^n;
subplot(221)
stem(n,x1,'fill'),grid on
xlabel('n'),title('x(n)＝1.2^{n}')
subplot(222)
stem(n,x2,'fill'),grid on
xlabel('n'),title('x(n)＝(-1.2)^{n}')
subplot(223)
stem(n,x3,'fill'),grid on
xlabel('n'),title('x(n)＝0.8^{n}')
subplot(224)
stem(n,x4,'fill'),grid on
xlabel('n'),title('x(n)＝(-0.8)^{n}')
```

单边指数序列 n 的取值范围为 $n \geqslant 0$。程序运行结果如图 5-6 所示。从图可知，当 $|a| > 1$ 时，单边指数序列发散；当 $|a| < 1$ 时，该序列收敛。当 $a > 0$ 时，该序列均取正值；当 $a < 0$ 时，序列在正负摆动。

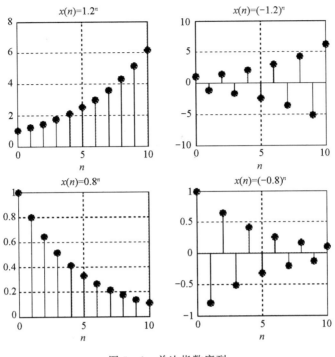

图 5 - 6　单边指数序列

（5）正弦序列

正弦序列定义为

$$x(n) = \sin(n\omega_0 + \varphi)$$

其中，ω_0 是正弦序列的数字域频率；φ 为初相。与连续的正弦信号不同，正弦序列的自变量 n 必须为整数。可以证明，只有当 $\dfrac{2\pi}{\omega_0}$ 为有理数时，正弦序列具有周期性。

例 5 - 10　试用 Matlab 命令绘制正弦序列 $x(n) = \sin\left(\dfrac{n\pi}{6}\right)$ 的波形图。

解　Matlab 源程序为

```
n=0：39；
x＝sin(pi/6＊n)；
stem(n,x,′fill′),xlabel(′n′),grid on
title(′正弦序列′)
axis([0,40,－1.5,1.5])；eree
```

数字信号与处理

程序运行结果如图 5 - 7 所示。

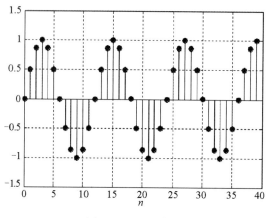

图 5 - 7　正弦序列

（6）复指数序列

复指数序列定义为

$$x(n) = \mathrm{e}^{(a+\mathrm{j}\omega_0)n}$$

当 $a = 0$ 时，得到虚指数序列 $x(n) = \mathrm{e}^{\mathrm{j}\omega_0 n}$，其中，$\omega_0$ 是正弦序列的数字域频率。由欧拉公式可知，复指数序列可进一步表示为

$$x(n) = \mathrm{e}^{(a+\mathrm{j}\omega_0)n} = \mathrm{e}^{an}\mathrm{e}^{\mathrm{j}\omega_0 n} = \mathrm{e}^{an}\big[\cos(n\omega_0) + \mathrm{j}\sin(n\omega_0)\big]$$

与连续复指数信号一样，我们将复指数序列实部和虚部的波形分开讨论，得出如下结论：

（a）当 $a>0$ 时，复指数序列 $x(n)$ 的实部和虚部分别是按指数规律增长的正弦振荡序列；

（b）当 $a<0$ 时，复指数序列 $x(n)$ 的实部和虚部分别是按指数规律衰减的正弦振荡序列；

（c）当 $a=0$ 时，复指数序列 $x(n)$ 即为虚指数序列，其实部和虚部分别是等幅的正弦振荡序列。

例 5 - 11　用 Matlab 命令画出复指数序列 $x(n) = 2\mathrm{e}^{\left(-\frac{1}{10}+\mathrm{j}\frac{\pi}{6}\right)n}$ 的实部、虚部、模及相角随时间变化的曲线，并观察其时域特性。

解　Matlab 源程序为

```
n=0：30;
A=2;a=-1/10;b=pi/6;
x=A*exp((a+i*b)*n);
subplot(2,2,1)
stem(n,real(x),'fill'),grid on
title('实部'),axis([0,30,-2,2]),xlabel('n')
subplot(2,2,2)
```

138

```
stem(n,imag(x),'fill'),grid on
title('虚部'),axis([0,30,-2,2]),xlabel('n')
subplot(2,2,3)
stem(n,abs(x),'fill'),grid on
title('模'),axis([0,30,0,2]),xlabel('n')
subplot(2,2,4)
stem(n,angle(x),'fill'),grid on
title('相角'),axis([0,30,-4,4]),xlabel('n')
```

程序运行后,产生如图 5-8 所示的波形。

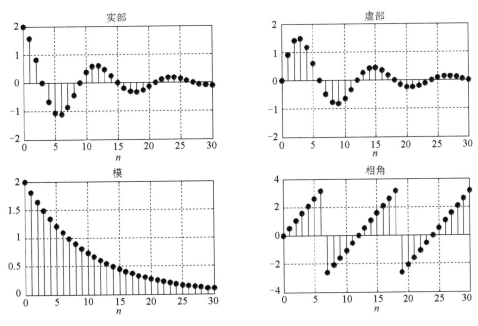

图 5-8　复指数序列

(7) 离散时间序列的基本运算

对离散时间序列实行基本运算可得到新的序列,这些基本运算主要包括加、减、乘、除、移位、反折等。两个序列的加、减、乘、除对应离散样点值的加、减、乘、除,因此可通过 Matlab 的点乘和点除、序列移位和反折来实现,与连续时间序列处理方法基本一样。

例 5-12　用 Matlab 命令画出下列离散时间序列的波形图。

(1) $x_1(n) = a^n[u(n) - u(n-N)]$;

(2) $x_2(n) = x_1(n+3)$;

(3) $x_3(n) = x_1(n-2)$;

(4) $x_4(n) = x_1(-n)$。

解 设 $a=0.8, N=8$, Matlab 源程序为

```
a=0.8;N=8;n=-12:12;
x=a.^n.*(uDT(n)-uDT(n-N));
n1=n;n2=n1-3;n3=n1+2;n4=-n1;
subplot(411)
stem(n1,x,'fill'),grid on
title('x1(n)'),axis([-15 15 0 1])
subplot(412)
stem(n2,x,'fill'),grid on
title('x2(n)'),axis([-15 15 0 1])
subplot(413)
stem(n3,x,'fill'),grid on
title('x3(n)'),axis([-15 15 0 1])
subplot(414)
stem(n4,x,'fill'),grid on
title('x4(n)'),axis([-15 15 0 1])
```

离散时间序列的波形如图 5-9 所示。

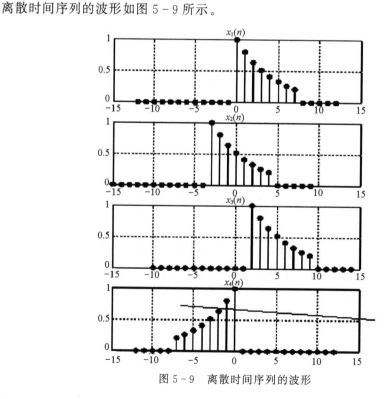

图 5-9 离散时间序列的波形

2. Matlab 的窗函数

在确定信号谱分析、随机信号功率谱估计以及 FIR 数字滤波器设计中,窗函数的选择起着重要的作用。在信号的频谱分析中,截断无穷长的序列会造成频率泄漏,影响频谱分析的精度和质量。合理选取窗函数的类型,可以改善泄漏现象。在 FIR 数字滤波器设计中,截短无穷长的系统单位脉冲序列会造成 FIR 滤波器幅度特性的波动,且出现过渡带。

(1) 矩形窗。

Matlab 窗函数：$w=\mathrm{boxcar(N)}$ 或 $w=\mathrm{ones}(N,1)$,实现如下：

N＝51;

w＝boxcar(N);

y＝fft(w,256);

subplot(2,1,1);

stem([0：N−1],w);

subplot(2,1,2);

Y0＝abs(y);

plot([−128：127],Y0)

矩形窗如图 5-10 所示。

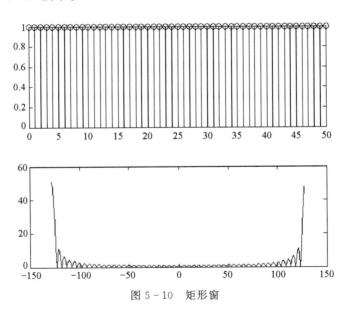

图 5-10　矩形窗

(2) Hamming 窗。

Matlab 窗函数：$w=1/2*(1-\cos(2*\mathrm{pi}*k/(N-1)))$ 或 $w=\mathrm{hamming}(N)$,实现如下：

N＝51;k＝0：N;

w＝hamming(N);

```
Y=fft(w,256);
subplot(2,1,1);
stem([0: N-1],w);
subplot(2,1,2);
Y0=abs(Y);
plot([-128: 127],Y0);
```

Hamming 窗如图 5-11 所示。

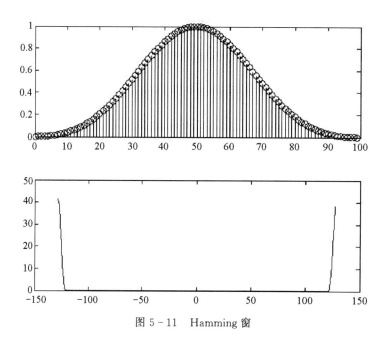

图 5-11　Hamming 窗

（3）布拉克曼窗。

Matlab 窗函数：$w=0.42-0.5*\cos(2*pi*k/(N-1))+0.08*\cos(4*pi*k/(N-1)$或 w=blackman(N),实现如下：

```
N=100;
w=blackman(N);
Y=fft(w,256);
subplot(2,1,1);
stem([0: N-1],w);
subplot(2,1,2);
Y0=abs(Y);
plot([-128: 127],Y0);
```

布拉克曼窗如图 5-12 所示。

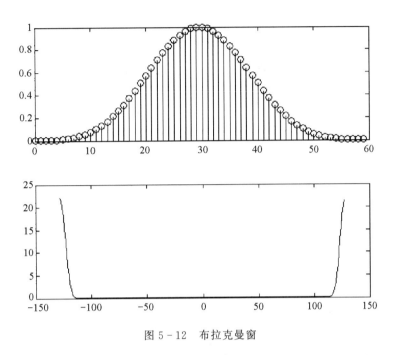

图 5-12　布拉克曼窗

（4）一种三角窗。

Matlab 窗函数：w＝1－abs(2 * (k－(N－1)/2)/(N－1))或 w＝bartlett(N)，实现如下：

```
N=100;
w=bartlett(N);
Y=fft(w,256);
subplot(2,1,1);
stem([0：N－1],w);
subplot(2,1,2);
Y0=abs(Y);
plot([－128：127],Y0);
```

三角窗如图 5-13 所示。

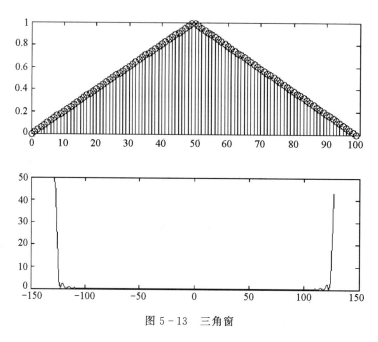

图 5-13 三角窗

（5）凯塞（Kaiser）窗。

Matlab 窗函数：w＝Kaiser(N,beta)，beta 控制 Kaiser 窗形状的参数，实现如下：

```
N＝100;beta＝100;
w＝kaiser(N,beta);
Y＝fft(w,256);
subplot(2,1,1);
stem([0：N−1],w);
subplot(2,1,2);
Y0＝abs(Y);
plot([−128：127],Y0)
```

Kaiser 窗如图 5 - 14 所示。

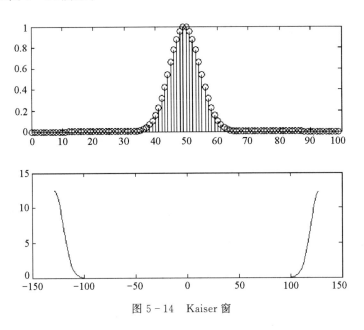

图 5 - 14 Kaiser 窗

3. 窗函数对其时域和频域的分析

(1) 研究凯塞窗的参数选择对其时域和频域的影响。

①固定 beta＝4,N 分别取 20,60,110。

当 $N=20$ 时,凯塞窗如图 5 - 15 所示。

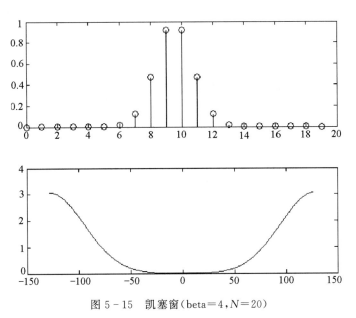

图 5 - 15 凯塞窗(beta＝4,N＝20)

当 $N=60$ 时,凯塞窗如图 5-16 所示。

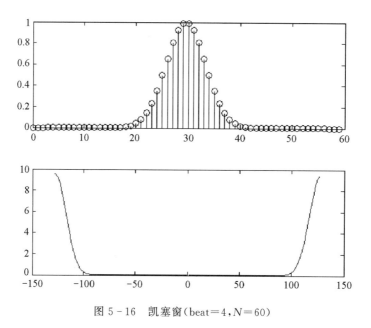

图 5-16 凯塞窗(beat$=4$,$N=60$)

当 $N=110$ 时,凯塞窗如图 5-17 所示。

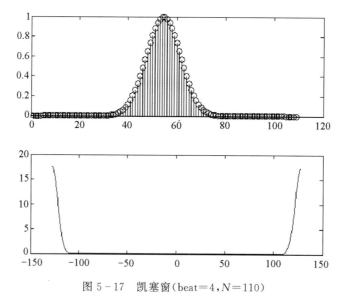

图 5-17 凯塞窗(beat$=4$,$N=110$)

②固定 $N=60$,beta 分别取 1,5,11。

当 beta＝1 时,凯塞窗如图 5 - 18 所示。

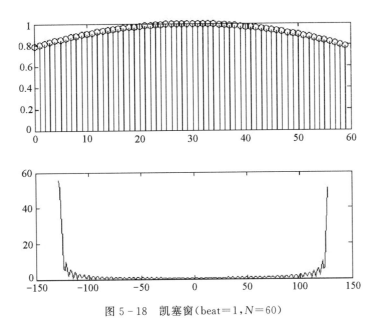

图 5 - 18 凯塞窗(beat＝1,N＝60)

当 beta＝5 时,凯塞窗如图 5 - 19 所示。

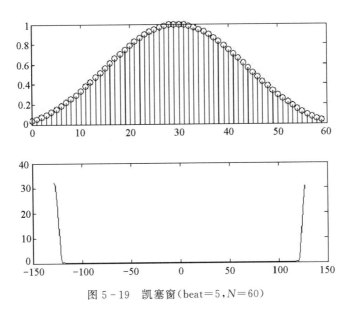

图 5 - 19 凯塞窗(beat＝5,N＝60)

当 beta＝11 时,凯塞窗如图 5-20 所示。

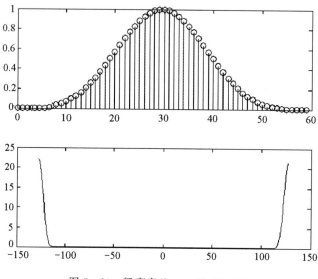

图 5-20　凯塞窗(beat＝11,$N=60$)

（2）序列 $w=0.5\cos\dfrac{11\pi}{20}k+\cos\dfrac{9\pi}{20}k$,利用不同宽度 N 的矩形窗截断该序列,N 分别为 20,40,160,观察不同长度 N 的窗对谱分析结果的影响。

```
N＝input('Type in N＝');%N＝60;%k＝0:N;
k＝0:N−1;
w＝0.5 * cos(11 * pi/20 * k)＋cos(9 * pi/20 * k);
Y＝fft(w,256);
subplot(2,1,1);
stem(k,w);
subplot(2,1,2);
Y0＝abs(Y);
plot([−128:127],Y0);
```

当 $N=20$ 时,谱分析结果如图 5 - 21 所示。

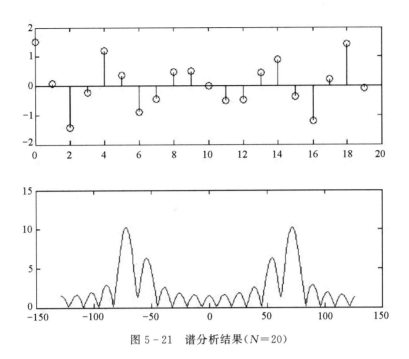

图 5 - 21 谱分析结果($N=20$)

当 $N=40$ 时,谱分析结果如图 5 - 22 所示。

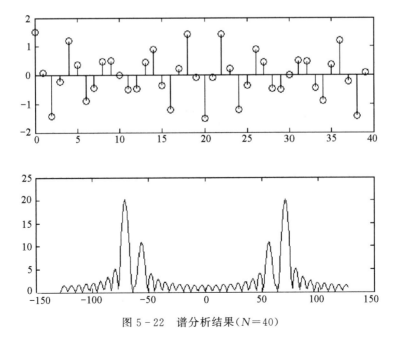

图 5 - 22 谱分析结果($N=40$)

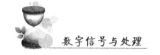

当 $N=160$ 时,谱分析结果如图 5-23 所示。

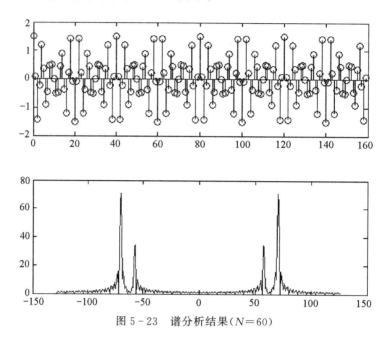

图 5-23　谱分析结果($N=60$)

5.1.4　数字信号处理系统开发流程

1. DSP 系统构成

如图 5-24 所示为一个典型的 DSP 系统。图中的输入信号可以有各种各样的形式。例如,它可以是麦克风输出的语音信号或是通过电话线路传送来的已调数据信号,可以是编码后在数字链路上传输或存储在计算机里的摄像机图像信号等。

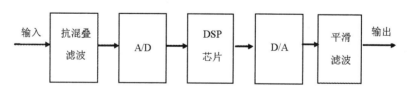

图 5-24　典型的 DSP 系统

输入信号首先进行带限滤波和抽样,然后进行 A/D(Analog to Digital)变换将信号变换成数字比特流。根据奈奎斯特抽样定理,为保证信息不丢失,抽样频率必须至少是输入带限信号最高频率的 2 倍。

DSP 芯片的输入是 A/D 变换后得到的以抽样形式表示的数字信号。DSP 芯片对输入的数字信号进行某种形式的处理,如进行一系列的乘累加操作(MAC)。数字处理是 DSP 的关键,这与其他系统(如电话交换系统)有很大的不同。在交换系统中,处理器的作用是进行路由选择,它并不对输入数据进行修改。因此,虽然两者都是实时系统,但两者的实时约束条件却有很大的不同。经过处理后的数字样值再经 D/A(Digital to Analog)变换转换为模拟样值,之后再进行内插和平滑滤波就可得到连续的模拟波形。

必须指出的是,上面给出的 DSP 系统模型是一个典型模型,但并不是所有的 DSP 系统都必须具有模型中的所有部件。如语音识别系统在输出端并不是连续的波形,而是识别结果,如数字、文字等;有些输入信号本身就是数字信号(如 CD),因此就不必进行模数变换了。

2. DSP 系统的特点

数字信号处理系统是以数字信号处理为基础的,因此具有数字处理的全部优点:

(1) 接口方便。DSP 系统与其他以现代数字技术为基础的系统或设备都是相互兼容的,与这样的系统接口实现某种功能要比模拟系统与这样的系统接口要容易得多。

(2) 编程方便。DSP 系统中的可编程 DSP 芯片可使设计人员在开发过程中灵活方便地对软件进行修改和升级。

(3) 稳定性好。DSP 系统以数字处理为基础,受环境温度以及噪声的影响较小,可靠性高。

(4) 精度高。16 位数字系统可以达到 10^{-5} 的精度。

(5) 可重复性好。模拟系统的性能受元器件参数性能变化比较大,而数字系统基本不受影响,因此数字系统便于测试、调试和大规模生产。

(6) 集成方便。DSP 系统中的数字部件有高度的规范性,便于大规模集成。

当然,数字信号处理也存在一定的缺点。例如,对于简单的信号处理任务,如与模拟交换线的电话接口,若采用 DSP 则使成本增加。DSP 系统中的高速时钟可能带来高频干扰和电磁泄漏等问题,而且 DSP 系统消耗的功率也较大。此外,DSP 技术更新的速度快,对数学知识要求多,开发和调试工具还不尽完善。

虽然 DSP 系统存在着一些缺点,但其突出的优点已经使之在通信、语音、图像、雷达、生物医学、工业控制、仪器仪表等许多领域得到越来越广泛的应用。

3. DSP 系统的设计过程

总的来说,DSP 系统的设计还没有非常好的正规设计方法。如图 5 - 25 所示是 DSP 系统设计的一般过程。

在设计 DSP 系统之前,首先必须根据应用系统的目标确定系统的性能指标、信号处理的要求,通常可用数据流程图、数学运算序列、正式的符号或自然语言来描述。其次是根据系统的要求进行高级语言的模拟。一般来说,为了实现系统的最终目标,需要对输入的信号进行适当的处理,而处理方法的不同会导致不同的系统性能。而要得到最佳的系统性能,就必须在这一步确定最佳的处理方法,即数字信号处理的算法,因此这一步也称算法模拟阶段。例如,语音压缩编码算法就是要在确定的压缩比条件下,获得最佳的合成语音。算法模

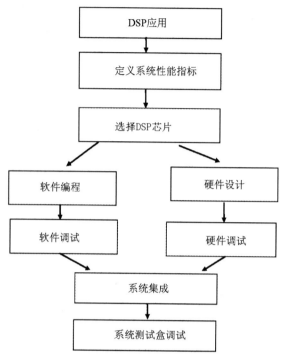

图 5 - 25　DSP 系统的设计流程

拟所用的输入数据是实际信号经采集而获得的,通常以计算机文件的形式存储为数据文件。如语音压缩编码算法模拟时所用的语音信号就是实际采集而获得并存储为计算机文件形式的语音数据文件。有些算法模拟时所用的输入数据并不一定是实际采集的信号数据,只要能够验证算法的可行性,输入假设的数据也是可以的。

在完成以上步骤之后,接下来就可以设计实时 DSP 系统了。实时 DSP 系统的设计包括硬件设计和软件设计两个方面。硬件设计首先要根据系统运算量的大小、对运算精度的要求、系统成本限制以及体积、功耗等要求选择合适的 DSP 芯片。然后设计 DSP 芯片的外围电路及其他电路。软件设计和编程主要根据系统要求和所选的 DSP 芯片编写相应的 DSP 汇编程序,若系统运算量不大且有高级语言编译器支持,也可用高级语言(如 C 语言)编程。由于现有的高级语言编译器的效率还比不上手工编写汇编语言的效率,因此在实际应用系统中常常采用高级语言和汇编语言的混合编程方法,即在算法运算量大的地方,用手工编写的方法编写汇编语言,而运算量不大的地方则采用高级语言。采用这种方法,既可缩短软件开发的周期,提高程序的可读性和可移植性,又能满足系统实时运算的要求。

DSP 硬件和软件设计完成后,就需要进行硬件和软件的调试。软件的调试一般借助于DSP 开发工具,如软件模拟器、DSP 开发系统或仿真器等。调试 DSP 算法时一般采用比较实时结果与模拟结果的方法,如果实时程序和模拟程序的输入相同,则两者的输出应该一致。应用系统的其他软件可以根据实际情况进行调试。硬件调试一般采用硬件仿真器进行调试,如果没有相应的硬件仿真器,且硬件系统不是十分复杂,也可以借助于一般的工具进行调试。

系统的软件和硬件分别调试完成后,就可以让软件脱离开发系统而直接在应用系统上运行。当然,DSP系统的开发,特别是软件开发是一个需要反复进行的过程,虽然通过算法模拟基本上可以知道实时系统的性能,但实际上模拟环境不可能做到与实时系统环境完全一致,而且将模拟算法移植到实时系统时必须考虑算法是否能够实时运行的问题。如果算法运算量太大不能在硬件上实时运行,则必须重新修改或简化算法。

5.2 数字信号处理典型应用

5.2.1 DSP最小系统的设计

一个典型的DSP最小系统如图5-26所示,包括DSP芯片、电源电路、复位电路、时钟电路及JTAG接口电路。考虑到与PC通信的需要,最小系统一般还需增添串口通信电路。TMS320F2812是TI公司C2000系列中性价比较高的一款器件。该器件集成了丰富而又先进的外设,如128KB的Flash存储器、4KB的ROM、数学运算表、电机控制外设、串口通信外设、2KB的OTPROM以及16通道高性能12位模/数转换模块,提供了两个采样保持电路,可以实现双通道信号同步采样,同时具有很高的运算精度(32位)和系统处理能力(达到150MIPS),可广泛应用于电力自动化、电机控制和变频家电等领域。

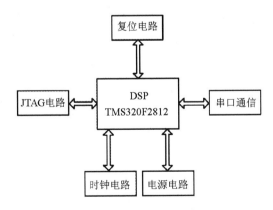

图5-26 DSP最小系统框图

1. DSP 最小系统的系统硬件设计

(1) 电源及复位电路设计

DSP 系统一般都采用多电源系统,电源及复位电路的设计对于系统性能有重要影响。TMS320F2812 是一个较低功耗芯片内核电压为 1.8V,I/O 电压为 3.3V,可采用 TI 公司的 TPS767D318 电源芯片。该芯片属于线性降压型 DC/DC 变换芯片,可与 5V 电源同时产生两种不同的电压(3.3V、1.8V 或 2.5V),其最大输出电流 1000mA,可以同时满足一片 DSP 芯片和少量外围电路的供电需要,如图 5-27 所示。该芯片自带电源监控及复位管理功能,可以方便地实现电源及复位电路设计。复位电路原理如图 5-28 所示。

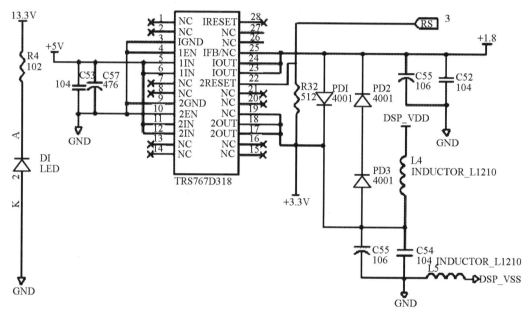

图 5-27　电源电路设计

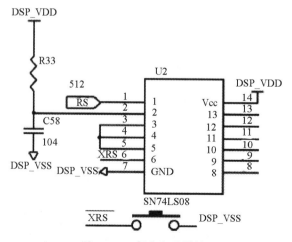

图 5-28　复位电路设计

（2）时钟电路设计

TMS320F2812 DSP 的时钟可以有两种连接方式，即外部振荡器方式和谐振器方式。如果使用内部振荡器，则必须在 X1/XCLKIN 和 X2 这两个引脚之间连接一个石英晶体。如果采用外部时钟，可将输入时钟信号直接连到 X1/CLKIN 引脚上，X2 悬空。这里采用的是外部有源时钟方式，直接选择一个 3.3V 供电的 30MHz 有源晶振实现。系统工作是通过编程选择 5 倍频的 PLL 功能，可实现 F2812 的最高工作频率（150MHz）。晶振电路如图 5-29 所示。

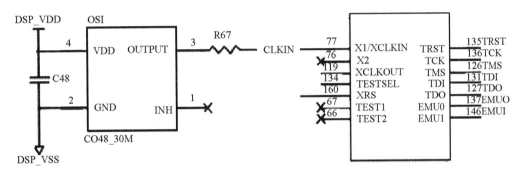

图 5-29　晶振电路设计

（3）DSP 与 JTAG 接口设计

DSP 仿真器通过 DSP 芯片上提供的扫描仿真引脚实现仿真功能。扫描仿真消除了传统电路仿真存在的电缆过长会引起信号失真及仿真插头的可靠性变差等问题。采用扫描仿真，使得在线仿真成为可能，给调试带来极大方便。JTAG 接口电路如图 5-30 所示。

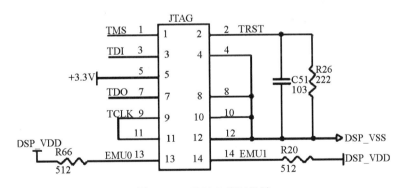

图 5-30　JTAG 接口设计

（4）DSP 的串行接口设计

由于 TMS320F2812 中 SCI 接口的 TTL 电平和 PC 机的 RS232C 电平不兼容，所以连接时必须进行电平转换。本设计选用符合 RS232 标准的 MAX232N 驱动芯片进行串行通信。MAX232 芯片功耗低，集成度高，＋5V 供电，具有两个接收和发送通道，刚好与

TMS320F2812 的两个 SCI(A 和 B)接口相匹配。电路设计如图 5-31 所示。

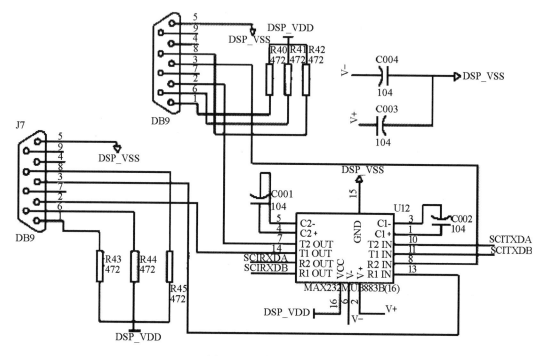

图 5-31 串行接口设计

(5) 通用扩展口设计。考虑到系统的通用性问题,系统设计时可将 TMS320F2812 所有的非空引脚全部引出,而且按照其功能模块进行有规律排列,并设计 5 个双排接插件将其引出。

2. DSP 最小系统的系统硬件调试

(1) 电路测试和目标板识别。检测系统输入和输出工作电压后,监测上电复位及手动复位电路工作情况。利用 DSP 仿真器进行硬件仿真,进入 CCS 环境,识别目标器件,表明系统硬件基本正常。

(2) 事件管理器产生 PWM 波功能测试。TMS320F2812 内核集成的两个事件管理器(EVA 和 EVB)提供了强大的控制功能,特别适合运动控制和电机控制等领域。TMS320F2812 的每个事件管理器模块可以同时产生 8 路脉宽调制(PWM)信号,包括 3 对由完全比较单元产生的死区可编程 PWM 信号以及由通用定时器和比较器产生的 2 路独立的 PWM 信号。

(3) 基于串口通信的数据采集功能测试。TMS320F2812 串口支持 16 级接收和发送 FIFO,有一个 16 位波特率选择寄存器,灵活性极大。此外,芯片上集成了一个 12 位 ADC,具有 16 通道复用输入接口、1 个采样保持电路,最快转换周期 60ns。对串口通信的数据采集功能测试,分别采用对由函数发生器产生的方波、正弦波和三角波采样,然后再将数据通过串口传输到 PC 来实现。

上面设计的 TMS320F2812 DSP 最小系统已经具备数据采集、与 PC 通信及实时数据处理等功能,此外还可进一步完善该最小系统的功能,如增加通用 I/O(如键盘、液晶显示器)及扩展外存等,可将该最小系统功能升级成为通用 DSP 系统,从而可更广泛地满足各类复杂工程需求。

5.2.2 基于 Matlab 的数字滤波器设计

1. 双线性变换法设计 IIR 数字滤波器

从 S 平面到 Z 平面是多值的映射关系,会造成频率响应的混叠失真。为了克服这一缺点,可以采用非线性频率压缩方法,将整个频率轴上的频率范围压缩到 $-\pi/T \sim \pi/T$,再用 $z = e^{ST}$ 转换到 Z 平面上。也就是说,第一步先将整个 S 平面压缩映射到 S_1 平面的 $-\pi/T \sim \pi/T$ 的一条横带里;第二步再通过标准变换关系 $z = e^{S_1 T}$ 将此横带变换到整个 Z 平面上去。这样就使 S 平面与 Z 平面建立了一一对应的单值关系,消除了多值变换性,也就消除了频谱混叠现象。其映射关系如图 5-32 所示。

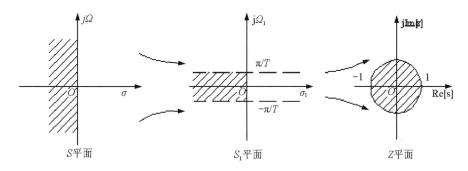

图 5-32 双线性变换的映射关系

为了将 S 平面的整个虚轴 $j\Omega$ 压缩到 S_1 平面 $j\Omega_1$ 轴上的 $-\pi/T \sim \pi/T$ 段上,可以通过以下的正切变换实现:

$$\Omega = \frac{2}{T}\tan\left(\frac{\Omega_1 T}{2}\right)$$

式中: T 仍是采样间隔。

当 Ω_1 由 $-\pi/T$ 经过 0 变化到 π/T 时, Ω 由 $-\infty$ 经过 0 变化到 $+\infty$,也即映射了整个 $j\Omega$ 轴。将上式写成

$$j\Omega = \frac{2}{T} \cdot \frac{e^{j\Omega_1\frac{T}{2}} - e^{j\Omega_1\frac{T}{2}}}{e^{j\Omega_1\frac{T}{2}} + e^{-j\Omega_1\frac{T}{2}}}$$

将此关系解析延拓到整个 S 平面和 S_1 平面,令 $j\Omega=s$, $j\Omega_1=s_1$,则得

$$S = \frac{2}{T} \cdot \frac{e^{s_1\frac{T}{2}} - e^{s_1\frac{T}{2}}}{e^{s_1\frac{T}{2}} + e^{-s_1\frac{T}{2}}} = \frac{2}{T} \cdot \tanh\left(\frac{s_1 T}{2}\right) = \frac{2}{T} \cdot \frac{1 - e^{-s_1 T}}{1 + e^{-s_1 T}}$$

再将 S_1 平面通过以下标准变换关系映射到 Z 平面 $Z=e^{s_1 T}$,从而得到 S 平面和 Z 平面的单值映射关系为

$$S = \frac{2}{T} \cdot \frac{1 - Z^{-1}}{1 + Z^{-1}} \quad (S \text{ 平面})$$

$$Z = \frac{1 + \frac{T}{2}S}{1 - \frac{T}{2}S} = \frac{\frac{2}{T} = S}{\frac{2}{T} - S} \quad (Z \text{ 平面})$$

上面两式是 S 平面与 Z 平面之间的单值映射关系,这种变换都是两个线性函数之比,因此称为双线性变换式 $\Omega = \frac{2}{T}\tan\left(\frac{\Omega_1 T}{2}\right)$ 与 $S = \frac{2}{T}\frac{1-Z^{-1}}{1+Z^{-1}}$ 的双线性变换符合映射变换应满足的两点要求。

首先,把 $Z = e^{j\omega}$,可得

$$S = \frac{2}{T} \cdot \frac{1 - e^{-j\omega}}{1 + e^{-j\omega}} = j\frac{2}{T}\tan\left(\frac{\omega}{2}\right) = j\Omega \tag{5-1}$$

即 S 平面的虚轴映射到 Z 平面的单位圆。

其次,将 $S = \sigma + j\Omega$ 代入式(5-1),得

$$Z = \frac{\frac{2}{T} + \sigma + j\Omega}{\frac{2}{T} - \sigma - j\Omega}$$

因此

$$|Z| = \frac{\sqrt{\left(\frac{2}{T} + \sigma\right) + \Omega^2}}{\sqrt{\left(\frac{2}{T} - \sigma\right) + \Omega^2}}$$

由此可以看出,当 $\sigma < 0$ 时, $|Z| < 1$;当 $\sigma > 0$ 时, $|Z| > 1$。也就是说,S 平面的左半平面映射到 Z 平面的单位圆内,S 平面的右半平面映射到 Z 平面的单位圆外,S 平面的虚轴映射到 Z 平面的单位圆上。因此,稳定的模拟滤波器经双线性变换后所得的数字滤波器也一定是稳定的。

双线性变换法的主要优点是避免了频率响应的混叠现象。这是因为这里的 S 平面与 Z 平面是单值一一对应关系。S 平面整个 $j\Omega$ 轴单值对应于 Z 平面单位圆一周,即频率轴是单值变换关系。这个关系式重写如下:

$$\Omega = \frac{2}{T}\tan\left(\frac{\omega}{2}\right) \tag{5-2}$$

式(5-2)表明,S平面上 Ω 与 Z 平面的 ω 成非
线性的正切关系,如图 5-33 所示。

在零频率附近,模拟角频率 Ω 与数字频率 ω 之
间的变换关系接近于线性关系;但当 Ω 进一步增加
时,ω 增长得越来越慢,最后当 $\Omega\to\infty$ 时,ω 终止在
折叠频率 $\omega=\pi$ 处,因而双线性变换就不会出现由
于高频部分超过折叠频率而混淆到低频部分去的
现象,从而消除了频率混叠现象。但是,双线性变
换的这个特点是靠频率的严重非线性关系而得到
的,如图 5-32 所示。这种频率之间的非线性变换

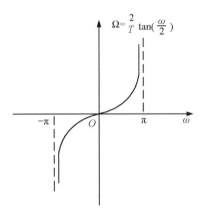

图 5-33 双线性变换法的频率变换关系

关系会产生新的问题。首先,一个线性相位的模拟滤波器经双线性变换后得到非线性相位
的数字滤波器,不再保持原有的线性相位;其次,这种非线性关系要求模拟滤波器的幅频响
应必须是分段常数型的,即某一频率段的幅频响应近似等于某一常数(这正是一般典型的低
通、高通、带通、带阻型滤波器的响应特性),不然变换所产生的数字滤波器幅频响应相对于
原模拟滤波器的幅频响应会有畸变,如图 5-34 所示。

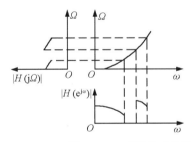
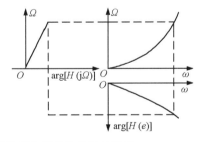

图 5-34 双线性变换法幅度和相位特性的非线性映射

对于分段常数的滤波器,双线性变换后,仍得到幅频特性为分段常数的滤波器,但是各
个分段边缘的临界频率点产生了畸变,这种频率的畸变,可以通过频率的预畸来加以校正。
也就是将临界模拟频率事先加以畸变,然后经变换后正好映射到所需要的数字频率上。

在 Matlab 中,双线性变换法的调用函数是 bilinear。其调用格式为

① [zd,pd,kd]＝bilinear(z,p,k,fs)

② [zd,pd,kd]＝bilinear(z,p,k,fs,fp)

③ [numd,dend]＝bilinear(num,den,fs)

④ [numd,dend]＝bilinear(num,den,fs,fp)

⑤ [Aa,Bb,Cc,Dd]＝bilinear(A,B,C,D,fs)

⑥[Aa,Bb,Cc,Dd]＝bilinear(A,B,C,D,fs,fp)

[zd,pd,kd]＝bilinear(z,p,k,fs)是把模拟滤波器的零极点模型转换为数字滤波器的零极点模型,fs 为采样频率,z,p,k 分别为滤波器的零点、极点和增益;

[numd,dend]＝bilinear(num,den,fs)是把模拟滤波器的传递函数模型转换为数字滤波器的传递模型;

[Aa,Bb,Cc,Dd]＝bilinear(A,B,C,D,fs)是把模拟滤波器的状态方程模型转换为数字滤波器的状态方程模型。

例如,用双线性变换法设计一个巴特沃思数字低通滤波器,技术指标如下：通带截止频率 $\Omega_p＝2\pi\times4$ krad/s,阻带截止频率 $\Omega_s＝2\pi\times8$ krad/s,通带波纹系数 $R_p＝0.3$ dB,阻带波纹系数 $R_s＝50$ dB,采样频率 $f_s＝20000$ Hz。

程序如下：

```
wp＝2 * pi * 4000;ws＝2 * pi * 8000;Rp＝0.3;Rs＝50;fs＝20000;
[N,Wn]＝buttord(wp,ws,Rp,Rs,'s')    % 估计滤波器最小阶数
[z,p,k]＝buttap(N);
[Bap,Aap]＝zp2tf(z,p,k);
[b,a]＝lp2lp(Bap,Aap,Wn);
[bz,az]＝bilinear(b,a,fs)
freqz(bz,az,N,fs)
```

程序在 Matlab 环境下的运行及结果如图 5-35 所示。

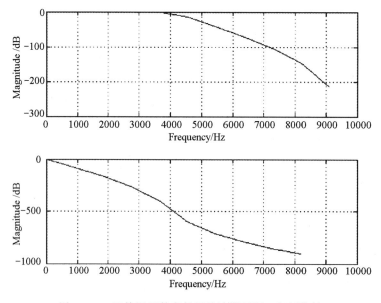

图 5-35　巴特沃思数字低通滤波器幅频—相频特性

结果如下：

N＝11

Wn＝1.4892e＋004

bz＝

Columns 1 through 6

0.0110　　0.1211　　0.6055　　1.8166　　3.6333　　5.0866

Columns 7 through 12

5.0866　　3.6333　　1.8166　　0.6055　　0.1211　　0.0110

az ＝

Columns 1 through 6

1.0000　　2.7098　　4.6379　　5.2252　　4.3685　　2.7207

Columns 7 through 12

1.2885　　0.4561　　0.1181　　0.0211　　0.0023　　0.0001

2. 脉冲响应不变法设计 IIR 数字滤波器

顾名思义，脉冲响应不变法就是要求数字滤波器的脉冲响应序列 $h(n)$ 与模拟滤波器的脉冲响应序列 $h_a(t)$ 的采样值相等，即：

$$h(n)=h_a(t)\big|_{t=nT}=h_a(nT)$$

式中：T 为采样周期。根据模拟信号的拉普拉斯变换与离散序列的 Z 变换之间的关系，我们知道：

$$H(z)\big|_{Z=e^{ST}}=\frac{1}{T}\sum_k Ha(S-jk\Omega_s) \tag{5-3}$$

式（5-3）表明，$h_a(t)$ 的拉普拉斯变换在 S 平面上沿虚轴，按照周期 $\Omega_s=2\pi/T$ 延拓后，按式 $Z=e^{ST}$，进行 z 变换，就可以将 $Ha(s)$ 映射为 $H(z)$。事实上，用脉冲响应不变法设计 IIR 滤波器，只适合于 $Ha(s)$ 有单阶极点，且分母多项式的阶次高于分子多项式的阶次的情况。将 $Ha(s)$ 用部分分式表示：

$$Ha(s)=LT[h_a(t)]=\sum_{i=1}^N \frac{A_i}{S-S_i}$$

式中：$LT[\cdot]$ 代表拉普拉斯变换；S_i 为单阶极点。将 $Ha(s)$ 进行拉普拉斯反变换，即可得到：

$$h_a(t)=\sum_{i=1}^N A_i e^{S_i t}u(t)$$

式中：$u(t)$ 是单位阶跃函数，则 $h_a(t)$ 的离散序列 $h(n)=h_a(nT)=\sum_{i=1}^N A_i e^{S_i nT}u(nT)$。

对 $h(n)$ 进行 Z 变换之后,可以得到数字滤波器的系统函数 $H(z)$ 为

$$H(z) = \sum_{n=0}^{\infty} h(n)z^{-n} = \sum_{i=1}^{N} \frac{A_i}{1 - e^{S_i T}z^{-1}}$$

对比 $Ha(s)$ 与 $H(z)$,我们会发现:s 域中 $Ha(s)$ 的极点是 s_i,映射到 z 平面之后,其极点变成了 $e^{S_i T}$,而系数没有发生变化,仍为 A_i。因此,在设计 IIR 滤波器时,我们只要找出模拟滤波器系统函数 $Ha(s)$ 的极点和系数 A_i,通过脉冲响应不变法,将其代入 $H(z)$ 的表达式中,即可求出 $H(z)$,实现连续系统的离散化。

但是,脉冲响应不变法只适合设计低通和带通滤波器,而不适于设计高通和带阻滤波器。因为,如果模拟信号 $h_a(t)$ 的频带不是介于 $\pm(\pi/T)$ 之间,则会在 $\pm(\pi/T)$ 的奇数倍附近产生频率混叠现象,映射到 z 平面后,则会在 $\omega = \pi$ 附近产生频率混叠现象,从而使所设计的数字滤波器不同程度地偏离模拟滤波器在 $\omega = \pi$ 附近的频率特性,严重时使数字滤波器不满足给定的技术指标。为此,希望设计的滤波器是带限滤波器,如果不是带限的,如高通滤波器、带阻滤波器,需要在高通滤波器、带阻滤波器之前加保护滤波器,滤出高于折叠频率 π/T 以上的频带,以免产生频率混叠现象。但这样会增加系统的成本和复杂性。因此,高通与带阻滤波器不适合用这种方法。

将模拟滤波器转化为数字滤波器,涉及一个关键的问题,即寻找一种转换关系,将 s 平面上的 $Ha(s)$ 转换成 z 平面上的 $H(z)$。这里 $Ha(s)$ 是模拟滤波器的传输函数,$H(z)$ 是数字滤波器的系统函数。为了确保转换后的 $H(z)$ 稳定且满足技术要求,转换关系要满足以下要求:

(1)将因果稳定的模拟滤波器转换为数字滤波器后,仍然是因果稳定的。我们知道,当模拟滤波器的传输函数 $Ha(s)$ 的极点全部位于 s 平面的左平面时,模拟滤波器才是因果稳定的;对于数字滤波器而言,因果稳定的条件是其传输函数 $H(z)$ 的极点要全部位于单位圆内。因此,转换关系应是 s 平面的左半平面映射到 z 平面的单位圆内。

(2)数字滤波器的频率响应与模拟滤波器的频率响应相对应,s 平面的虚轴映射为 z 平面的单位圆,而响应的频率之间是线性变换关系。

在 Matlab 中,脉冲响应不变法的调用函数是 impinvar,其调用格式为

①[bz,az]=impinvar(b,a,fs)

②[bz,az]=impinvar(b,a)

③[bz,az]=impinvar(b,a,fs,tol)

该函数的功能是将分子向量为 b、分母向量为 a 的模拟滤波器,转换为分子向量为 b_z、分母向量为 a_z 的数字滤波器。f_s 为采样频率,单位为 Hz,默认值为 1Hz。tol 指误差容限,表示转换后的离散系统函数是否有重复的极点。

例如,用脉冲响应不变法设计一个契比雪夫型数字低通滤波器,指标要求如下:通带截止频率 $\Omega_p=1000\text{Hz}$,阻带截止频率 $\Omega_s=1200\text{Hz}$,采样频率 $f_s=5000\text{Hz}$,通带衰减系数 $R_p=0.3\text{dB}$,阻带衰减系数 $R_s=40\text{dB}$。

程序如下:

```
wp=1000*2*pi;ws=1200*2*pi;fs=2500;Rp=0.3;Rs=40;
[N,Wn]=cheb1ord(wp,ws,Rp,Rs,'s');    % 估计滤波器最小阶数
[z,p,k]=cheb1ap(N,Rp);               % 模拟滤波器函数引用
[A,B,C,D]=zp2ss(z,p,k);              % 返回状态转移矩阵形式
[AT,BT,CT,DT]=lp2lp(A,B,C,D,Wn);     % 频率转换
[b,a]=ss2tf(AT,BT,CT,DT);            % 返回传递函数形式
[bz,az]=impinvar(b,a,fs);            % 调用脉冲相应不变法
[H,W]=freqz(bz,az);                  % 返回频率响应
plot(W*fs/(2*pi),abs(H));            % 画图
grid;
xlabel('frequency/Hz');
ylabel('magnitude');
N,Wn
```

程序在 Matlab 环境下的运行及结果如图 5-36 所示。

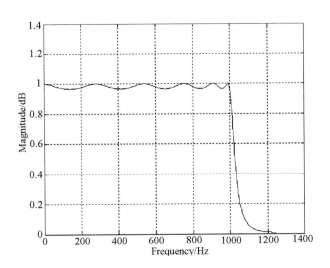

图 5-36 契比雪夫型数字低通滤波器幅频特性曲线

结果如下:

N=11 Wn=6.2832e+003

3. 完全设计函数法设计 IIR 数字滤波器

完全设计函数法是根据设计要求,直接调用函数来设计数字滤波器。所用到的函数有 butter、cheby1、cheb2ord、ellipd 以及 besself 等。Butter 用来直接设计巴特沃思数字滤波器,cheby1 用来直接设计切比雪夫 I 型滤波器,cheb2ord 用来设计切比雪夫 II 型滤波器,ellipd 用来设计椭圆滤波器,besself 用来设计贝塞尔滤波器。

例 5 - 13 用完全设计函数法设计一个巴特沃思数字低通滤波器,技术指标要求为: $w_p=1000; w_s=1200; R_p=0.3; R_s=40; f_s=8000$。

程序如下:

```
wp=1000;ws=1200;Rp=0.3;Rs=40;fs=8000;
[N,Wn]=buttord(wp/(fs/2),ws/(fs/2),Rp,Rs)    %估计滤波器最小阶数
[b,a]=butter(N,Wn);
[H,W]=freqz(b,a);                              %返回频率响应
plot(W*fs/(2*pi),abs(H));                      %画图
grid;
xlabel('Frequency/Hz');
ylabel('magnitude');
```

程序在 Matlab 环境下的运行及结果如图 5 - 37 所示。

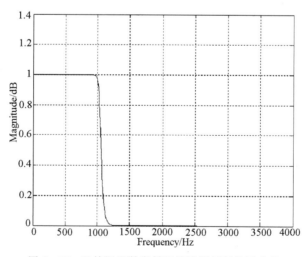

图 5 - 37 巴特沃思数字低通滤波器幅频特性曲线

结果如下:

N=29 Wn=0.2611

4. FIR 滤波器设计

FIR 滤波器的设计问题在于寻求一系统函数 $H(z)$,使其频率响应 $H(e^{j\omega})$ 逼近滤波器要

求的理想频率响应 $H_d(\text{e}^{\text{j}\omega})$，其对应的单位脉冲响应为 $h_d(n)$。

（1）用窗函数设计 FIR 数字滤波器的基本方法

设计思想：从时域出发，设计 $h(n)$ 逼近理想 $h_d(n)$。设理想滤波器 $H_d(\text{e}^{\text{j}\omega})$ 的单位脉冲响应为 $h_d(n)$。下面以低通线性相位 FIR 数字滤波器为例。

$$H_d(\text{e}^{\text{j}\omega}) = \sum_{n=-\infty}^{\infty} h_d(n)\text{e}^{-\text{j}n\omega}$$

$$h_d(n) = \frac{1}{2\pi}\int_{-\pi}^{\pi} H_d(\text{e}^{\text{j}\omega})\text{e}^{\text{j}n\omega}\,\text{d}\omega$$

$h_d(n)$ 一般是无限长的，且是非因果的，不能直接作为 FIR 滤波器的单位脉冲响应。要想得到一个因果的有限长的滤波器 $h(n)$，最直接的方法是截断 $h(n) = h_d(n)w(n)$，即截取为有限长因果序列，并用合适的窗函数进行加权作为 FIR 滤波器的单位脉冲响应。按照线性相位滤波器的要求，$h(n)$ 必须是偶对称的。对称中心必须等于滤波器的延时常数，即：

$$\begin{cases} h(n) = h_d(n-\alpha)w(n) \\ \alpha = (N-1)/2 \end{cases}$$

用矩形窗设计的 FIR 低通滤波器，其幅度函数在通带和阻带都呈现出振荡现象，且最大波纹大约为幅度的 9%，这个现象称为吉布斯效应。

根据过渡带宽及阻带衰减要求，选择窗函数的类型并估计窗口长度 N（或阶数 $M=N-1$），窗函数类型可根据最小阻带衰减 A_s 独立选择，因为窗口长度 N 对最小阻带衰减 A_s 没有影响。在确定窗函数类型以后，可根据过渡带宽小于给定指标确定所拟用的窗函数的窗口长度 N。设待求滤波器的过渡带宽为 Δw，它与窗口长度 N 近似成反比，窗函数类型确定后，其计算公式也确定了，不过这些公式是近似的，得出的窗口长度还要在计算中逐步修正，原则是在保证阻带衰减满足要求的情况下，尽量选择较小的 N。在 N 和窗函数类型确定后，即可调用 Matlab 中的窗函数求出窗函数 $w_d(n)$。

根据待求滤波器的理想频率响应求出理想单位脉冲响应 $h_d(n)$，如果给出待求滤波器频率应为 H_d，则理想的单位脉冲响应可以用下面的傅里叶反变换式求出：

$$h_d(n) = \frac{1}{2\pi}\int_{-\pi}^{\pi} H_d(\text{e}^{\text{j}\omega})\text{e}^{\text{j}\omega n}\,\text{d}\omega$$

在一般情况下，$h_d(n)$ 是不能用封闭公式表示的，需要采用数值方法表示，即从 $\omega = 0$ 到 $\omega = 2\pi$ 采样 N 点，采用离散傅里叶反变换（IDFT）即可求出。

用窗函数 $w_d(n)$ 将 $h_d(n)$ 截断，并进行加权处理，得到：

$$h(n) = h_d(n)\omega(n)$$

如果要求线性相位特性，则 $h(n)$ 还必须满足：

$$h(n) = \pm h(N-1-n) \qquad\qquad (5-4)$$

根据式(5-4)中的正、负号和长度 N 的奇偶性又将线性相位 FIR 滤波器分成四类。要根据所设计的滤波特性正确选择其中一类。例如，要设计线性相位低通特性可选择 $h(n) = h(N-1-n)$ 一类，而不能选 $h(n) = -h(N-1-n)$ 一类。验算技术指标是否满足要求时，为了计算数字滤波器在频域中的特性，可调用 freqz 子程序，如果不满足要求，可根据具体情况，调整窗函数类型或长度，直到满足要求为止。

2. Matlab 窗函数法的设计函数

在 Matlab 中，提供了基于窗函数法的两类设计函数，即函数 fir1 和函数 fir2。

(1) 函数 fir1。函数 fir1 实现加窗的线性相位 FIR 数字滤波器，可设计标准低通、带通、高通和带阻滤波器。

其调用格式如下：

①b＝fir1(n,Wn)

②b＝fir1(n,Wn,´ftype´)

③b＝fir1(n,Wn,window)

④b＝fir1(n,Wn,´ftype´,window)

⑤b＝fir1(…,´normalization´)

n 表示滤波器的阶数。"ftype"代表所设计滤波器的类型：其中"high"表示高通滤波器；"stop"表示带阻滤波器；"DC－1"表示多通带滤波器，且第一频带为通带，"DC－0"表示多通带滤波器，且第一频带为阻带；默认时代表低通或带通滤波器。window 为窗函数，是长度为 N 的列向量，默认时函数自动取 Hamming 窗。b＝fir1(n,Wn)可得到 n 阶低通 FIR 滤波器，调用后返回维数为 $n+1$ 的行向量 b，它是滤波器的系数。b 与 FIR 滤波器的系统函数有如下关系：

$$H(z) = b(1) + b(2)z^{-1} + \cdots + b(n+1)z^{-n}$$

对于高通和带阻滤波器，n 取偶数，ω_n 为滤波器的截止频率，范围是 $(0,1)$；对于带通和带阻滤波器，$\omega_n = [\omega_1, \omega_2]$，且 $\omega_1 < \omega_2$；对于多通带滤波器，$\omega_n = [\omega_1, \omega_2, \omega_3, \omega_4]$，频段为 $0 < \omega < \omega_1, \omega_1 < \omega < \omega_2, \omega_2 < \omega < \omega_3 \cdots\cdots$

(2) 函数 fir2

函数 fir2 用于设计基于窗函数的任意响应 FIR 滤波器，其频率响应由向量 f 和向量 m 共同决定，取值在 $[0,1]$；n 为滤波器阶数；b 向量为返回滤波器的系数；window 为窗函数，长度为 $n+1$，默认时为 Hamming 窗；npt 为对频率响应进行内插点数，默认时为 512；lap 参数用于指定 fir2 在重复频率点附近插入的区域大小。

（3）FIR 滤波器滤波实例

①窗函数设计低通滤波器

程序设计如下：

```
clear;close all
[z1,fs,bits]=wavread('E：\姓名.wav')
y1=z1(1：8192);
Y1=fft(y1);
fp=1000;fc=1200;As=100;Ap=1;Fs=8000;
wc=2*pi*fc/Fs; wp=2*pi*fp/Fs;
wdel=wc-wp;
beta=0.112*(As-8.7);
N=ceil((As-8)/2.285/wdel);
wn= kaiser(N+1,beta);
ws=(wp+wc)/2/pi;
b=fir1(N,ws,wn);
figure(1);
freqz(b,1);
x=fftfilt(b,z1);
X=fft(x,8192);
figure(2);
subplot(2,2,1);plot(abs(Y1));axis([0,1000,0,1.0]);
title('滤波前信号频谱');
subplot(2,2,2);plot(abs(X));axis([0,1000,0,1.0]);
title('滤波后信号频谱');
subplot(2,2,3);plot(z1);
title('滤波前信号波形');
subplot(2,2,4);plot(x);
title('滤波后信号波形');
sound(x,fs,bits);
```

图形分析如图 5 - 38 和图 5 - 39 所示。

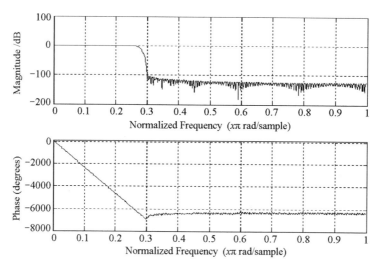

图 5 - 38   FIR 数字低通滤波器幅频－相位特性曲线

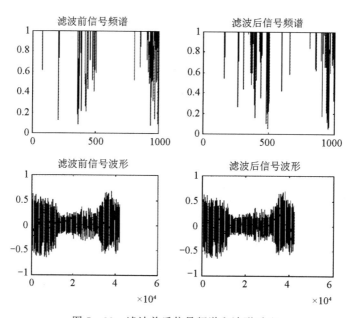

图 5 - 39   滤波前后信号频谱和波形对比

②窗函数设计高通滤波器

程序设计如下：

```
clear;close all
[z1,fs,bits]=wavread(E：\姓名.wav)
y1=z1(1：8192);
Y1=fft(y1);
```

```
fp=2800;fc=3000;As=100;Ap=1;Fs=8000;

wc=2*pi*fc/Fs; wp=2*pi*fp/Fs;

wdel=wc-wp;

beta=0.112*(As-8.7);

N=ceil((As-8)/2.285/wdel);

wn= kaiser(N,beta);

ws=(wp+wc)/2/pi;

b=fir1(N-1,ws,'high',wn);

figure(1);

freqz(b,1);

x=fftfilt(b,z1);

X=fft(x,8192);

figure(2);

subplot(2,2,1);plot(abs(Y1));axis([0,1000,0,1.0]);

title('滤波前信号频谱');

subplot(2,2,2);plot(abs(X));axis([0,1000,0,1.0]);

title('滤波后信号频谱');

subplot(2,2,3);plot(z1);

title('滤波前信号波形');

subplot(2,2,4);plot(x);

title('滤波后信号波形');

sound(x,fs,bits);
```

图形分析如图 5-40 和图 5-41 所示。

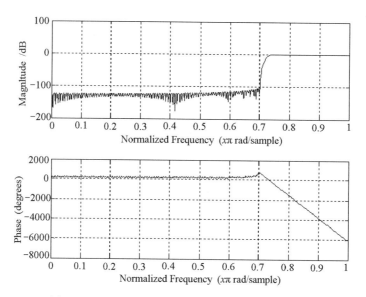

图 5-40　FIR 数字高通滤波器幅频－相位特性曲线

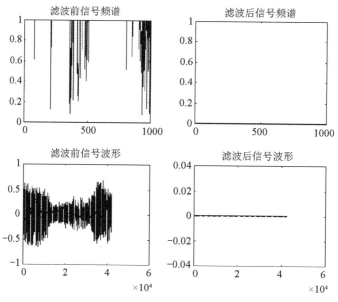

图 5-41　滤波前后信号频谱和波形对比

③窗函数设计带通滤波器

程序设计如下：

```
clear;close all

[z1,fs,bits]=wavread(E：\耿博.wav)

y1=z1(1：8192);

Y1=fft(y1);
```

```
fp1=1200 ;fp2=3000 ;fc1=1000;fc2=3200 ;As=100 ;Ap=1 ;Fs=8000 ;
wp1=2 * pi * fp1/Fs; wc1=2 * pi * fc1/Fs; wp2=2 * pi * fp2/Fs; wc2=2 * pi *
fc2/Fs;
wdel=wp1-wc1;
beta=0.112 * (As-8.7);
N=ceil((As-8)/2.285/wdel);
ws =[(wp1+wc1)/2/pi,(wp2+wc2)/2/pi];
wn= kaiser(N+1,beta);
b=fir1(N,ws,wn);
figure(1);
freqz(b,1)
x=fftfilt(b,z1);
X=fft(x,8192);
figure(2);
subplot(2,2,1);plot(abs(Y1));axis([0,1000,0,1.0]);
title('滤波前信号频谱');
subplot(2,2,2);plot(abs(X));axis([0,2000,0,0.0003]);
title('滤波后信号频谱')
subplot(2,2,3);plot(z1);
title('滤波前信号波形');
subplot(2,2,4);plot(x);
title('滤波后信号波形');
sound(x,fs,bits);
```

图形分析如图 5-42 和图 5-43 所示。

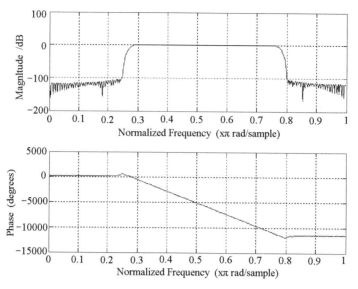

图 5-42　FIR 数字带通滤波器幅频－相位特性曲线

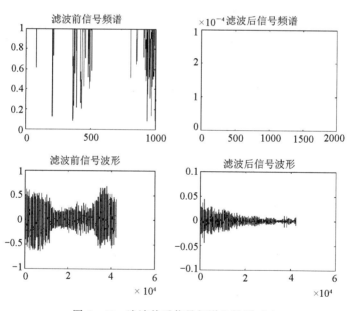

图 5-43　滤波前后信号频谱和波形对比

5.2.3　语音信号的处理示例

语音是人类获取知识和各种各样信息的重要手段和最初来源,人类离不开自然界中的各种语音。但在获取语音的过程中,将不可避免地会受到外界环境的干扰和影响,如各种机器的轰鸣声或者自然界太多的电磁噪声干扰等,这些有害噪声信号都会掺杂在语音信号中,这样获取的语音信号将不再是单纯的语音,掺杂的噪声不但降低了语音质量和可懂度,严重时将导致不可预知的不良后果。

语音信号处理的好坏将影响语音信号的好坏,只有对这些语音信号进行一系列的数字处理,才能将那些非必要的噪声杂波妥善滤除,得到纯净的、单纯的语音信号。现在社会衍生了很多现代的语音通信方式,如手机通话、QQ 或 MSN 等语音聊天软件以及语音小说等,因此语音信号去噪处理是具有现实意义的技术研究。

1. 语音信号处理步骤及流程

针对一段原始语音信号,加入设计噪声后,用窗函数法设计出的 FIR 滤波器对加入噪声后的语音信号进行滤波去噪处理,并且分析对比前后时域和频域波形。设计流程如图 5 - 44 所示。

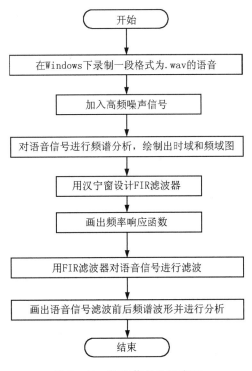

图 5 - 44　语音信号处理流程

2. 语音信号的采集与分析

(1) 语音信号采集

将话筒输入接口连接到计算机的语音输入插口上,启动录音机,要求为 8000Hz,8 位单声道的音频格式,如图 5 - 45 所示。按下录音按钮,接着对话筒讲一段话,说完后停止录音,屏幕左侧将显示所录声音的长度。击播放按钮,可以实现所录音的重现。以文件名"语音处理"保存入文件夹 Matlab \ work 中。

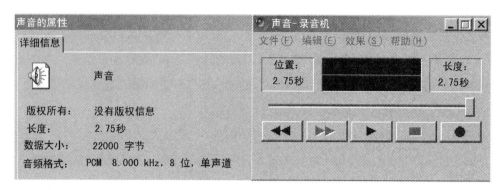

图 5-45　语音信号的采集

（2）语音信号的时域频谱分析

Matlab 软件平台下,利用 wavread 函数对语音信号进行采样,采集出原始信号波形与频谱、[y,fs,bits]＝wavread('Blip',[N1 N2]),用于读取语音,采样值放在向量 y 中,f_s 表示采样频率(单位 Hz),bits 表示采样位数;[N1 N2]表示读取从 N_1 点到 N_2 点的值(若只有一个 N 的点则表示读取前 N 点的采样值)。其程序如下:

[y,Fs,bits]＝wavread('1.wav');

y＝y(：,1); sigLength＝length(y);

Y ＝ fft(y,sigLength);

Pyy ＝ Y. * conj(Y) / sigLength;

halflength＝floor(sigLength/2);

f＝Fs * (0：halflength)/sigLength;

figure;plot(f,Pyy(1：halflength＋1));xlabel('Frequency(Hz)');

t＝(0：sigLength－1)/Fs;

figure;plot(t,y);xlabel('Time(s)');

得到原始语音信号时域波形如图 5-46 所示,频域幅度谱如图 5-47 所示。从图中可以看出,语音信号有两个特点:在时域内语音信号随着时间的延续而缓慢变化,但在一较短时间内,语音信号基本保持稳定;在频域内语音信号的频谱量主要集中在300～3400Hz 的范围内,利用这个特点,可以利用一个带通滤波器将此范围内的语音信号频率分量取出,然后按 8000Hz 的采样频率对语音信号进行采样,就可以取得离散的语音信号。

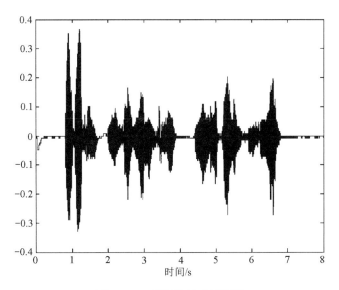

图 5 - 46　原始信号时域波形

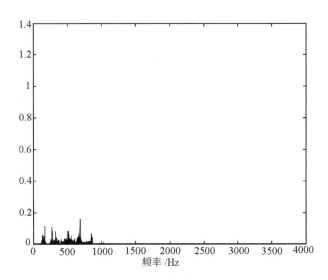

图 5 - 47　原始信号频谱

（3）语音信号加噪与频谱分析

利用 Matlab 程序产生 3.8kHz 的余弦信号噪声加入语音信号中，模仿语音信号被干扰，并分析其频谱。其主要程序如下：

```
fs＝8000；
x1＝wavread('1.wav')；
t＝(0：length(x1)－1)/8000；
f＝fs＊(0：1023)/2048；
```

```
Au=0.05;
d=[Au*cos(2*pi*3800*t)]';％噪声为 3.8kHz 的余弦信号
x2=x1+d;
y1=fft(x1,2048);
y2=fft(x2,2048);
figure(1)
```

运行程序后得到加噪后的语言信号波形如图 5-48 所示。

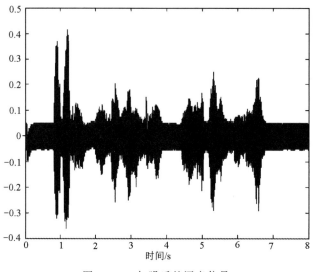

图 5-48　加噪后的语音信号

从图 5-48 可以看出,加入 3.8kHz 的噪声信号后,该时域图与原有信号的时域图有明显差异,在幅度"0"位置处附近多出了高频成分,使加噪后的语音信号显得更加紧凑。其程序如下:

```
plot(t,x2)
xlabel('time(s)');
ylabel('幅度');
figure(2)
subplot(2,1,1);
plot(f,abs(y1(1:1024)));
xlabel('Hz');ylabel('幅度');
subplot(2,1,2);
plot(f,abs(y2(1:1024)));
xlabel('Hz');ylabel('幅度');
sound(x2,fs,bits);
```

运行程序后得到原始语音信号和加噪后的语言信号的频谱如图 5 - 49 所示。

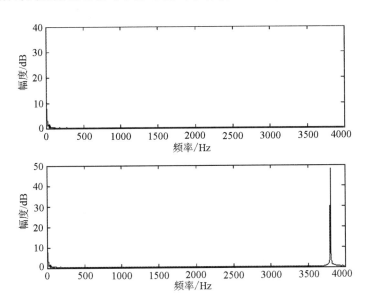

图 5 - 49　原始语音信号频谱与加噪后的语音信号频谱比较

从图 5 - 47 的对比可以看出,加噪后的语音信号表现在频谱图上为在 3.8kHz 的位置多出一个高频脉冲成分,表现在回放语音上能听到很刺耳很不舒适的噪音,原有信号听着比较模糊。

3. FIR 数字滤波器的设计

(1) FIR 滤波器的窗函数设计

FIR 滤波器设计问题在于寻求一系统函数 $H(z)$,使其频率响应 $H(e^{j\omega})$ 逼近滤波器要求的理想频率响应 $H_d(e^{j\omega})$,其对应的单位脉冲响应为 $h_d(n)$。

用窗函数设计 FIR 滤波器的设计思想:从时域出发,设计 $h(n)$ 逼近理想 $h_d(n)$。设理想滤波器 $H_d(e^{j\omega})$ 的单位脉冲响应为 $h_d(n)$。例如,低通线性相位 FIR 滤波器的理想频率响应与单位脉冲响应分别如下:

$$H_d(e^{j\omega}) = \sum_{n=-\infty}^{\infty} h_d(n)e^{-j\omega}$$

$$h_d(n) = \frac{1}{2\pi} \int_{-\pi}^{\pi} H_d(e^{j\omega})e^{j\omega n} d\omega$$

$h_d(n)$ 一般是无限长的,且是非因果的,不能直接作为 FIR 滤波器的单位脉冲响应。要想得到一个因果的有限长的滤波器 $h(n)$,最直接的方法是截断 $h(n) = h_d(n)\omega(n)$,即截取为有限长的因果序列,并用合适的窗函数进行加权,作为 FIR 滤波器的单位脉冲响应。按照线性相位滤波器的要求,$h(n)$ 必须是偶对称的。对称中心应该等于滤波器的时延常数,即

$$\begin{cases} h(n) = h_d(n)\omega(n) \\ \alpha = \dfrac{N-1}{2} \end{cases}$$

下面着重介绍用窗函数法设计 FIR 滤波器的步骤：

①根据对阻带衰减及过渡带的指标要求，选择串窗数类型（矩形窗、三角窗、汉宁窗、哈明窗、凯塞窗等），并估计窗口长度 N。先按照阻带衰减选择窗函数类型，原则是在保证阻带衰减满足要求的情况下，尽量选择主瓣的窗函数。然后根据过渡带宽度估计窗口长度 N，待求滤波器的过渡带宽度 Bt 近似等于窗函数主瓣宽度，且近似与窗口长度 N 成反比，$N = A/Bt$，A 取决于窗口类型。

②构造希望逼近的频率响应函数 $H_d(e^{j\omega})$。

$$H_d(e^{j\omega}) \equiv H_{dg}(\omega) e^{-j\omega(N-1)-2}$$

所谓的"标准窗函数法"，就是选择 $H_d(e^{j\omega})$ 为线性相位理想滤波器，如本书的低通滤波器，其 $H_{dg}(\omega)$ 应满足：

$$H_{dg}(\omega) = \begin{cases} 1 & |\omega| \leqslant \omega_c \\ 0 & \omega_c < |\omega| \leqslant \pi \end{cases}$$

③计算 $h_d(n)$。如果给出待求滤波器的截止频率响应函数为 $H_d(e^{j\omega})$，那么单位脉冲响应为

$$h_d(n) = \frac{1}{2\pi} \int_{-\pi}^{\pi} H_d(e^{j\omega}) e^{j\omega n} d\omega$$

④加窗得到设计结果 $h(n) = h_d(n)\omega(n)$，验证技术指标是否满足设计要求。

针对该课题用窗函数法设计线性相位 FIR 数字滤波器的参数如下：

通带截止频率 $\omega_c = 0.2\pi$；

过渡带宽度 $\Delta\omega < 0.4\pi$；

阻带衰减 $A_s > 40\text{dB}$。

具体计算如下：

（a）由给定的指标确定窗函数和长度 N。

由于阻带衰减 $A_s > 40\text{dB}$，汉明窗和汉宁窗都满足要求，若再考虑从滤波器节数最小的原则出发，这里选用汉宁窗。

$$\Delta\omega = 0.4\pi, N \geqslant \frac{8\pi}{\Delta\pi} = 20，也可取 N = 21$$

$$\omega(n) = 0.5\left[1 - \cos(\frac{n\pi}{16})\right]R_{21}(n)$$

（b）确定时延值 $\alpha = (N-1)/2 = 10$。

（c）求理想的单位脉冲响应：

$$h_d(n) = \frac{1}{2\pi} \int_{-\omega_c}^{\omega_c} e^{-j\partial\omega} e^{jn\omega} d\omega = \frac{\sin 0.2\pi(n-10)}{\pi(n-10)}$$

(d) 求滤波器的单位取样响应 $h(n)$：

$$h(n)=h_d(n)\omega(n)=\frac{\sin0.2\pi(n-10)}{\pi(n-10)}\left[0.5-0.5\cos\left(\frac{n\pi}{10}\right)\right]R_{21}(n)$$

(2) 滤波器的编程实现。按此要求设计的 FIR 数字低通滤波器，用 Matlab 的程序实现如下：

```
deltw = 0.4 * pi; Wc =0.2 * pi; As=40;
N=ceil(8 * pi/deltw)+1;
win=hanning(N);
h=fir1(N−1,Wc/pi,win);
omega=linspace(0,pi,512);
mag=freqz(h,[1],omega);
magdb=20 * log10(abs(mag));
plot(omega/pi,magdb);
axis([0 1−100 0]);
grid;
xlabel('归一化频率');ylabel('幅度/dB');
```

此低通滤波器图像如图 5‑50 所示。

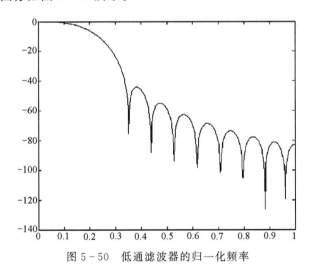

图 5‑50　低通滤波器的归一化频率

(3) 用滤波器对加噪语音信号进行滤波。上面利用窗函数法设计了 FIR 低通滤波器并绘图，观察所设计的滤波器是否能够对采集的一部分语音信号进行相关处理，并将滤波前后的时域波形进行比较，且对其进行快速傅里叶变换，即 $X=\text{fft}(\text{signal})$。其目的是对比前后的频域、频谱波形，分析所设计的滤波器能否达到设计要求。在 Matlab 程序设计中，FIR 滤波器则是利用函数 fftfilt 对语音信号进行滤波。程序如下：

```
[y,fs,nbits]=wavread('1.wav');

N=length(y)

Y=fft(y,N);

sound(y);

figure(4);plot(y);

figure(5);plot(abs(Y));

Fp=1200;

Fs=1100;

Ft=8000;

As=20;

Ap=1;

wp=2 * pi * Fp/Ft;ws=2 * pi * Fs/Ft;

fp=2 * Ft * tan(wp/2);fs=2 * Ft * tan(ws/2);

[n,wn]=buttord(wp,ws,Ap,As,'s');

[b,a]=butter(n,wn,'s');

[num,den]=bilinear(b,a,1);

[h,w]=freqz(num,den);

figure(2)

d=[Au * cos(2 * pi * 3800 * t)];

x2=x1+d;

y1=fft(x1,2048);

y2=fft(x2,2048);

figure(3)

plot(w * 8000 * 0.5/pi,abs(h));z=filter(num,den,y);

sound(z);

m=z;

figure(1)

subplot(2,2,3);plot(abs(m),'r');

grid;

subplot(2,2,4);plot(z,'b');

grid;subplot(2,2,2);

plot(y,'b');
```

```
grid;subplot(2,2,1);
plot(abs(Y),'r');
grid;
```

由图 5-51 可知,该低通滤波器滤除 1200Hz 以上的高频信号,保留 0～1200Hz 以内的低频语音信号,符合设计滤除高频噪音,保留低频原始语音信号的特点。

由图 5-52 可知,掺有高频噪音的信号经过所设计的低通滤波器之后,保留了原始的低频语音信号,滤除了掺在其中的高频信号,使语音信号听着没有那么尖锐刺耳了,这说明已经达到了滤除高频噪音信号的目标。

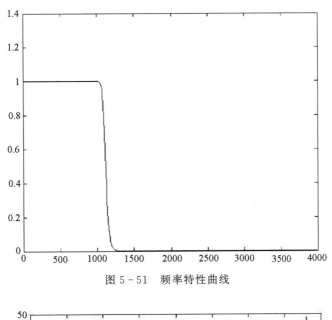

图 5-51　频率特性曲线

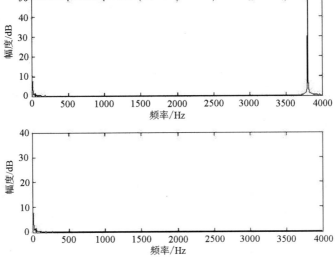

图 5-52　滤波前后语音信号频谱的比较

分析图 5-53 滤波前后的信号波形可知,滤波前后语音信号的波形发生了明显改变,滤波后的信号密度明显减小,这是滤除了高频噪音、保留了低频语音信号的结果。

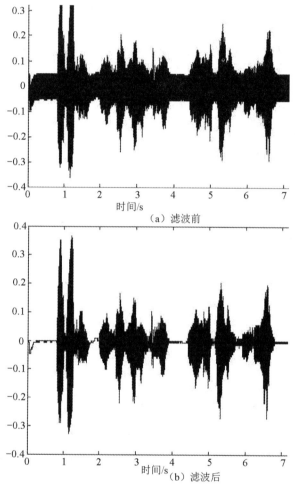

图 5-53　滤波前后的信号波形比较

（4）回放语音信号

语音信号经过 FIR 滤波器滤除噪声的处理后,在 Matlab 中,函数 sound 可以对声音进行回放。其调用格式:

sound (x,fs,bits);

可以听出来滤波前后的声音所发生的变化,而且声音变得没有加噪时那么刺耳了,比原始语音更加平滑。用汉宁窗设计 FIR 滤波器滤掉了在语音中加入的高频噪声,而且也把原始语音的很小一部分也滤掉了,余下的语音信号全都是低频语音信号,所以回放语音的时候听起来比以前更加平滑,说明设计的低通滤波器是成功的。

5.2.4 多采样率信号处理 Matlab 示例

在 Matlab 信号处理工具箱中,提供了抽取函数 decimate()、内插函数 interp()和重采样函数 resample()等。

(1) 抽取函数 decimate 格式:

y = decimate(x,r)

功能:对离散时间信号向量 x 按抽取因子 r 抽取,得到信号向量 y,相当于降低了采样率 r 倍。向量 y 的长度是原信号向量 x 长度的 $1/r$。

(2) 内插函数 interp 格式:

y = interp(x,r)

功能:对离散时间信号向量 x 按内插因子 r 内插,得到信号向量 y,相当于提高了采样率 r 倍。向量 y 的长度是原信号向量 x 长度的 r 倍。

(3) 重采样函数 resample 格式:

y = resample(x,p,q)

功能:对离散时间信号向量 x 按有理数 p/q 倍的采样率重新采样,得到信号向量 y。p 和 q 必须为正整数。向量 y 的长度等于 ceil(length(x) * p/q)。

(4) 离散小波变换 dwt 格式:

[cA,cD] = dwt(X, 'wname')

功能:对离散时间信号序列 X 进行小波分析,cA 是信号离散小波变换对应的近似展开系数,cD 是对应的细节系数,wname 是小波名称。

(5) 离散小波逆变换 idwt 格式:

X = idwt(cA,cD,'wname')

功能:实现一维单级离散小波逆变换,是函数 dwt 的逆运算。各参数与函数 dwt 相同。

(6) 分解与重构滤波器组 wfilters 格式:

[Lo_D, Hi_D, Lo_R,Hi_R] = wfilters('wname')

功能:产生用于信号 dwt 和 idwt 对应的滤波器组。Lo_D 为分解数字低通滤波器的单位脉冲响应,Hi_D 为分解数字高通滤波器的单位脉冲响应,Lo_R 为重构数字低通滤波器的单位脉冲响应,Hi_R 为重构数字高通滤波器的单位脉冲响应。

1. 时域和频域抽样率的改变

例 5-14 编写程序对时域正弦信号 $x(n) = \sin(2\pi \cdot 0.12n)$ 进行 3 倍内插和 3 倍抽取操作。

其程序代码如下:

```
% 程序 5_1
% 对一个正弦信号进行 3 倍内插和 3 倍抽取
clf;
n = 0：49;
m = 0：50 * 3 - 1;
x1 = sin(2 * pi * 0.12 * m);
x = sin(2 * pi * 0.12 * n);
y = zeros(1, 3 * length(x));
y([1：3：length(y)]) = x;        %3 倍内插
y1=x1([1 ：3 ：length(x1)]);     %3 倍抽取
subplot(3,1,1)
stem(n,x);
title('输入序列');
xlabel('时间 n');ylabel('幅度');
subplot(3,1,2)
stem(n,y(1：length(x)));
title('内插序列');
xlabel('时间 n');ylabel('幅度');
subplot(3,1,3)
stem(n,y1);
title('抽取序列');
xlabel('时间 n');ylabel('幅度');
```

程序运行结果如图 5-54 所示。

例 5-15　编写程序对一个时域有限长且频域有限带宽的输入序列进行整数倍内插与抽取,分析原输入序列与内插和抽取后序列的频谱变化。

```
% 程序 5_2
% 分析内插对频谱的影响
freq = [0 0.45 0.5 1];
mag = [0 1 0 0];
x = fir2(99, freq, mag); % 利用 fir2 函数产生一个有限长序列
% 求取并画入输出谱
[Xz, w] = freqz(x, 1, 512);
```

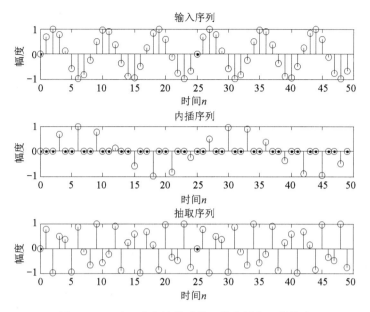

图 5-54　对正弦信号的时域 3 倍内插和 3 倍抽取

```
subplot(2,1,1)
plot(w/pi, abs(Xz)); axis([0 1 0 1]); grid
xlabel('\omega/ \pi'); ylabel('幅度');
title('输入谱');
subplot(2,1,2)
%产生内插序列
L = input('输入内插因子 = ');
y = zeros(1, L * length(x));
y([1: L: length(y)]) = x;
% 求取并画出输出谱
[Yz, w] = freqz(y, 1, 512);
plot(w/pi, abs(Yz)); axis([0 1 0 1]); grid
xlabel('\omega/ \pi'); ylabel('幅度');
title('输出谱');
```

程序运行结果如图 5-55 所示。

2. 抽取器与内插器的设计

例 5-16　用抽取函数 decimate、内插函数 interp 和重采样函数 resample 编写程序对时域信号

$$x(n) = \sin(2\pi \cdot 0.043n) + \sin(2\pi \cdot 0.031n)$$

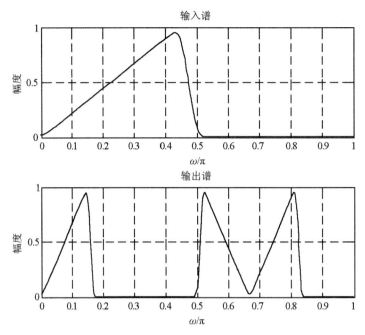

图 5-55　原序列与 3 倍内插序列的频谱

分别进行 M 倍的抽取、L 倍的内插和 L/M 倍的分数率抽样率改变操作。

程序代码如下：

```
% 程序 5_3
% 用抽取函数 decimate、内插函数 interp 和重采样函数 resample 对信号进行重采样
clf;
M = input('抽取因子 = ');
L = input('内插因子 = ');
n = 0:99;
x = sin(2 * pi * 0.043 * n) + sin(2 * pi * 0.031 * n);
y = decimate(x,M,'fir');
y1 = interp(x,L);
y2 = resample(x,L,M);
subplot(2,2,1)
stem(n,x(1:100));
title('输入序列');
xlabel('时间 n');ylabel('幅度');
subplot(2,2,2)
```

```
m = 0：(100/M)−1;

stem(m,y(1：100/M));

title('抽取序列');

xlabel('时间 n');ylabel('幅度');

subplot(2,2,3)

m = 0：(100 * L)−1;

stem(m,y1(1：100 * L));

title('内插序列');

xlabel('时间 n');ylabel('幅度');

subplot(2,2,4)

m = 0：(100 * L/M)−1;

stem(m,y2(1：100 * L/M));

title('分数率抽样序列');

xlabel('时间 n');ylabel('幅度');
```

程序运行结果如图 5−56 所示。

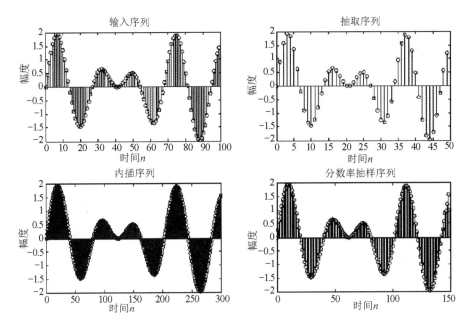

图 5−56 原序列与 2 倍抽取、3 倍内插、3/2 分数倍抽样率得到的序列

3. 滤波器组的设计

如图 5−57 所示的分析滤波器组,有

$$H_k(z) = \sum_{n=0}^{\infty} h_k(n) z^{-n} = \sum_{n=0}^{\infty} h_0(n) (zW_M^k)^{-n} = H_0(zW_M^k), \ k = 0,1,\cdots,M-1$$

$$(5-5)$$

式中：$W_M = \mathrm{e}^{-\mathrm{j}2\pi/M}$。这些传输函数的频率响应为

$$H_k(\mathrm{e}^{\mathrm{j}\omega}) = H_0(\mathrm{e}^{\mathrm{j}(\omega-\frac{2\pi k}{M})}), \ k = 0,1,\cdots,M-1$$

即 $H_k(z)$ 的频率响应可通过将 $H_0(z)$ 的响应以步长 $2\pi k/M$ 右移得到。式(5-5)定义的 M 个滤波器 $H_k(z)$ 可以作为图 5-57 中的分析滤波器组中的分析滤波器用,也可在图 5-57 中的综合滤波器组中作为合成滤波器使用。得到的滤波器称为均匀滤波器组。

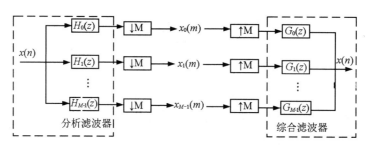

图 5-57　分析滤波器组

例 5-17 设原型低通滤波器的归一化通带边界为 0.2,归一化阻带边界为 0.25,试编写程序设计 4 频带均匀分析或合成滤波器组。

程序代码如下:

```
%程序 5_4
%设计均匀 DFT 滤波器组
clf;
%用 Remez 算法设计原型 FIR 低通滤波器
b = remez(20, [0 0.2 0.25 1], [1 1 0 0], [10 ]);
w = 0: 2 * pi/255: 2 * pi; n = 0: 20;
for k = 1: 4;
c = exp(2 * pi * (k-1) * n * i/4);
FB = b. * c;
HB(k,: ) = freqz(FB,1,w);
end
%画出各子带滤波器的幅频响应8 1 3 0 8 4 3 7
subplot(2,2,1)
plot(w/pi, abs(HB(1,: )));
```

```
xlabel('\omega/ \pi');ylabel('幅度');
title('滤波器 No. 1'); axis([0 2 0 1.1]);
subplot(2,2,2)
plot(w/pi,abs(HB(2,: )));
xlabel('\omega/ \pi');ylabel('幅度');
title('滤波器 No. 2');axis([0 2 0 1.1]);
subplot(2,2,3)
plot(w/pi,abs(HB(3,: )));
xlabel('\omega/ \pi');ylabel('幅度');
title('滤波器 No. 3'); axis([0 2 0 1.1]);
subplot(2,2,4)
plot(w/pi,abs(HB(4,: )));
xlabel('\omega/ \pi');ylabel('幅度');
title('滤波器 No. 4'); axis([0 2 0 1.1]);
```

程序运行结果如图 5-58 所示。

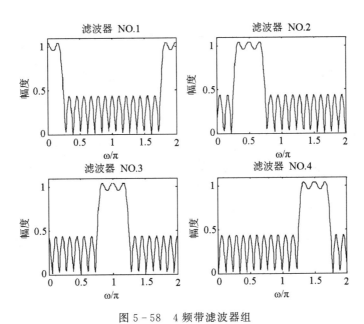

图 5-58　4 频带滤波器组

4. 离散小波变换

例 5-18　试利用 Daubechies 系列中的 db2 小波和函数 dwt 对某一维信号进行小波分析。

程序代码如下：

```
% 产生一个基本信号序列,长度＝16
s = 2+kron(ones(1,8), [1 −1]) +((1: 16).^2)/32+0.2 * randn(1,16);
% 利用小波 db2 进行 DWT
[ca1,cd1] = dwt(s,'db2');
subplot(211);plot(s);
title('原始信号');
subplot(223);stem(ca1,'k.');
title('近似系数');
subplot(224);stem(cd1,'k.');
title('细节系数');
```

程序运行结果如图 5-59 所示。

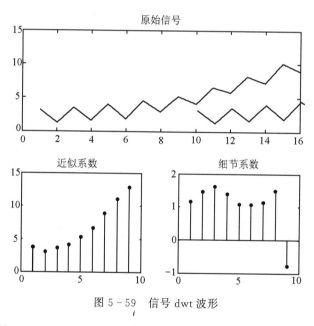

图 5-59　信号 dwt 波形

例 5-19　试利用 Daubechies 系列中的 db2 小波和函数 idwt 对某一维信号进行离散小波逆变换,并计算重构误差。

程序代码如下：

```
% 产生一个基本信号序列,长度＝16
s = 2+kron(ones(1,8), [1 −1]) +((1: 16).^2)/32+0.2 * randn(1,16);
% 利用小波 db2 进行 DWT
[cA1,cD1] = dwt(s,'db2');
% 根据 dwt 所得尺度展开系数 ca1,重构信号低频分量,[]为空矩阵
```

```
a1 = idwt(cA1,[],'db2');
subplot(221);plot(a1);
title('低频分量');
% 根据 dwt 所得尺度展开系数 cd1,重构信号高频分量
d1 = idwt([], cD1,'db2');
subplot(222);plot(d1);
title('高频分量');
% 根据信号分量 a1 和 d1,重构信号 ss
ss = a1 + d1;
Err = norm(s-ss);
subplot(212);
plot([s;ss]);
title('原始信号与重构信号');
xlabel(['重构误差=', num2str(Err)]);
```

程序运行结果如图 5-60 所示。

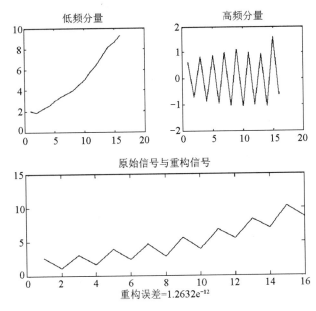

图 5-60 信号经 IDWT 函数的重构信号波形

▷▷▷ 第5章 习题 ◀◀◀

1. 试用 Matlab 设计一个数字巴特沃思低通滤波器,满足下列要求:

(1) 通带边缘频率为 0.4π,$R_p=0.5$dB;

(2) 阻带边缘频率为 0.6π,$A_s=50$dB。

(3) 采用脉冲响应不变法,$T=2$。

求出有理函数形式的系统函数,画出对数幅度响应、脉冲响应 $h(n)$ 和模拟原型滤波器脉冲响应 $h_a(t)$,并比较它们的形状。

2. 试用 Matlab 设计一个用在结构如图 5-61 所示的低通数字滤波器,用双线性变换法设计一个切比雪夫 1 型模拟低通滤波器,满足下列要求:采样速率为 8000 个/s,通带边缘频率为 1500Hz,波动为 3dB,阻带边缘频率为 2000Hz,衰减为 40dB,通带等波动但阻带是单调的。求出系统函数,画出对数幅度、相位响应和脉冲响应 $h(n)$。

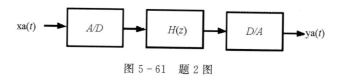

图 5-61 题 2 图

3. 试用 Matlab 设计一个数字低通滤波器,它具有下列指标:

$$通带边缘频率为 0.3\pi,R_p=0.5\text{dB}$$

$$阻带边缘频率为 0.4\pi,A_s=50\text{dB}$$

(1) 利用 butter 函数进行设计,求出阶数和实数的最小阻带衰减的 dB。

(2) 利用 cheby1 函数进行设计,求出阶数和实数的最小阻带衰减的 dB。

(3) 利用 cheby2 函数进行设计,求出阶数和实数的最小阻带衰减的 dB。

(4) 利用 ellip 函数进行设计,求出阶数和实数的最小阻带衰减的 dB。

(5) 比较上述各种设计的阶数,实际的最小阻带衰减以及群迟延。

4. 模拟信号 $x_a(t)=5\sin(200\pi t)+2\cos(300\pi t)$,由如图 5-62 所示系统处理,采样间隔为 1000 个/s。

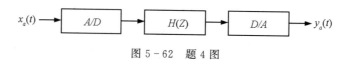

图 5-62 题 4 图

(1) 试用 Matlab 设计一个最小阶数的 IIR 滤波器,以小于 1dB 的衰减通过 150Hz 的分量,以至少 40dB 抑制 100Hz 的分量。滤波器应有单调的通道和等波动的阻带。求出有理函数形式的系统函数,画出滤波器的对数幅度响应。

(2) 产生上述信号 $x_a(t)$ 的 300 个样本(采样速率为 1000 个/s),通过上述所示设计的滤波器得到输出序列,内插此序列(可用任何内插技术)得到 $y_a(t)$。画出 $x_a(t)$ 和 $y_a(t)$,并解释得到的结果。

5. 试用 Matlab 的矩形窗设计一个线性相位高通滤波器:

$$H_d(e^{j\omega}) = \begin{cases} e^{-j(\omega-\pi)} & \pi-\omega_c \leqslant \omega \leqslant \pi \\ 0 & 0 \leqslant \omega < \pi \leqslant \omega_C \end{cases}$$

求出 $h(n)$ 的表达式,确定 a 与 N 的关系。

6. 设计一低通滤波器,其模拟频响的幅度函数为

$$|H_{AL}(j\omega)| = \begin{cases} 1, 0 \leqslant f \leqslant 500\text{Hz} \\ 0, \text{其他} \end{cases}$$

用窗口法设计数字滤波器,数据长度为 10ms,抽样频率 $f_s = 2\text{kHz}$,阻带衰减分别为 20dB 和 40dB。试用 Matlab 计算出相应的模拟和数字滤波器的过滤宽带。

7. 试用 Matlab 设计一个简单整系数低通数字滤波器,要求截止频率 $f_p = 60\text{Hz}$,取样频率 $f_s = 1200\text{Hz}$,通带最大衰减 3dB,阻带最小衰减 40dB,并绘出频率响应图。

8. 用海明窗设计技术设计一个带通滤波器,设计指标如下:

低阻带边缘为 0.3π;

高阻带边缘为 0.6π,$A_s = 50\text{dB}$;

低通带边缘为 0.4π,$R_p = 0.5\text{dB}$;

高通带边缘为 0.5π。

试用 Matlab 画出设计的滤波器的脉冲响应和幅度响应(dB 值)。

9. 用凯泽窗设计技术设计一个高通滤波器,设计指标如下:

阻带边缘为 0.4π,$A_s = 60\text{dB}$;

通带边缘为 0.6π,$R_p = 0.5\text{dB}$;

画出设计的滤波器的脉冲响应和幅度响应(dB 值)。

10. 试设计一个基于 TM320 系列的 DSP 最小硬件系统,能够进行语音信号的一般滤波处理。

主要参考文献

1. 杨毅明. 数字信号处理[M]. 北京：机械工业出版社,2012.

2. 程佩清. 数字信号处理教程[M]. 4 版. 北京：清华大学出版社,2013.

3. 吴镇扬. 数字信号处理的原理与实现[M]. 南京：东南大学出版社,2003.

4. 维纳·K.英格尔,约翰·G.普罗克斯. 数字信号处理(MATLAB 版)[M]. 薛年喜,译. 西安：西安交通大学出版社,2008.

5. 王玉德. 数字信号处理[M]. 北京：北京大学出版社,2011.

6. 陈后金,薛健,胡健. 数字信号处理学习指导与习题精解[M]. 北京：高等教育出版社,2005.

7. 陈建明. 自动控制理论[M]. 北京：电子工业出版社,2009.

8. 陈桂明,张明照,戚红雨. 应用 MATLAB 语言处理数字信号与数字图像[M]. 北京：科学出版社,2000.

9. 丁玉美,高西全. 数字信号处理[M]. 2 版. 西安：西安电子科技大学出版社,2002.

10. 冯象初,甘小冰,宋国乡. 数值泛函与小波理论[M]. 西安：西安科电子科技大学出版社,2003.

11. 刘卫国. MATLAB 程序设计与应用[M]. 2 版. 北京：高等教育出版社,2006.

12. 王军宁,吴成柯,党英. 数字信号处理器技术原理与开发应用[M]. 北京：高等教育出版社,2003.

13. 张善文,雷英杰,冯有前. MATLAB 在时间序列分析中的应用[M]. 西安：西安电子科技大学出版社,2007.

14. 郑阿奇,曹戈,赵阳. MATLAB 实用教程[M]. 北京：电子工业出版社,2004.

15. Bose T. Digital Signal and Image Processing [M]. John Wiley & Sons,2004.

16. Hayes M H. 数学信号处理[M]. 张建华,卓力,张延华,译. 北京：科学出版社,2002.

17. Haykin S,Veen B V. Signals and Systems[M]. 2nd ed. New York：John Wiley & Sons,2003.

18. Ifeachor E C,Jervis B W. 数字信号处理实践方法[M]. 2 版. 罗鹏飞,杨世海,朱国富,等译. 北京:电子工业出版社,2004.

19. Manolakis D G, Ingle V K, Kogon S M. Statistical and Adaptive Signal Processing:Spectral Estimation,Signal Modeling,Adaptive Filtering and Array Processing [M]. New York:McGraw-Hill,2000.

20. Mitra S K. Digital Signal Processing:A Computer-Based Approach[M]. 2nd ed. New York:McGraw-Hill,2001.